广州抽水蓄能电站荣获第十届中国土木工程
詹天佑奖（2011 年）

广州抽水蓄能电站荣获新中国成立六十周年百项
经典暨精品工程

中国工程爆破协会科学技术进步工作一等
奖——地下工程精细爆破技术与应用研究

U0312944

2016 年滑模、爬模工艺技术创新成果二等奖——
自稳型上置式针梁钢模衬砌施工技术

2017 年度电力建设优秀质量管理 QC 成果奖
一等奖——提高盾构管片外观质量合格率

省级工法证书——斜井轨道施工工法

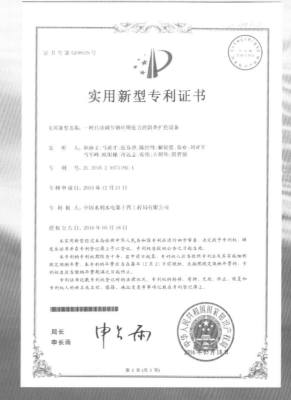

发明专利证书——一种斜井工程施工的安
全保护装置

实用新型专利证书——一种自动调节钢丝
绳张力的斜井扩挖设备

湛江国家石油储备地下结构工程施工（第 I 标段）
主①施工巷道进口段

湛江国家石油储备地下结构工程施工（第 I 标段）
主②施工巷道贯通

海南琼中抽水蓄能电站土建主体工程 C3 标引水斜
井全断面扩挖

惠州国储 500 万 m³ 地下水封洞库项目地下工程储
油洞罐 (0301 单元) 第 III 标段洞口全貌

海南琼中抽水蓄能电站土建主体工程 C3 标中平洞
钢模台车衬砌混凝土施工

深圳抽水蓄能电站水道及厂房系统土建工程Ⅱ标4号压力钢管内支撑拆除施工

陆丰核电厂1号、2号机组排水隧洞工程1号机组排水隧洞矿山法段顺利贯通

深圳抽水蓄能电站水道及厂房系统土建工程Ⅱ标中平洞上游侧水泥固结灌浆

清远抽水蓄能电站水道与厂房系统土建工程Ⅱ标地下主厂房装修效果

清远抽水蓄能电站水道与厂房系统土建工程Ⅱ标主厂房发电机层安全防护

中电建阳江阳东农垦局宝山风电场项目 14 号风机基础钢筋绑扎施工现场

中电建阳江阳东农垦局宝山风电场项目一期 24 号风力发电机组

中电建阳江阳东农垦局宝山风电场项目已建成升压站

江门市台开路道路工程项目下穿深茂桥现浇箱梁底板钢筋绑扎

国道 319 线漳州段改线一期工程流传特大桥第 24 联现浇梁浇筑

江门市台开路道路工程项目 S273 跨线桥施工

江门市南山路道路工程项目 K0+780 隧道中隔墙浇筑

南龙铁路 II 标段无砟轨道全线完工

南龙铁路 II 标段端西隧道无砟轨道

《水利水电施工》编审委员会

前　言

　　《水利水电施工》是全国水利水电施工技术信息网的网刊，是全国水利水电施工行业内刊载水利水电工程施工前沿技术、创新科技成果、科技情报资讯和工程建设管理经验的综合性技术刊物。本刊以总结水利水电工程前沿施工技术、推广应用创新科技成果、促进科技情报交流、推动中国水电施工技术和品牌走向世界为宗旨。《水利水电施工》自2008年在北京公开出版发行以来，至2016年年底，已累计编撰发行54期（其中正刊36期，增刊和专辑18期）。刊载文章精彩纷呈，不乏上乘之作，深受行业内广大工程技术人员的欢迎和有关部门的认可。

　　为进一步提高《水利水电施工》刊物的质量，增强刊物的学术性、可读性、价值性，自2017年起，对刊物进行了版式调整，由杂志型调整为丛书型。调整后的刊物继承和保留了原刊物国际流行大16开本，每辑刊载精美彩页，内文黑白印刷的原貌。

　　本书为调整后的《水利水电施工》2017年第2辑，全书共分7个栏目，分别为：土石方与导截流工程、地下工程、混凝土工程、地基与基础工程、机电与金属结构工程、试验与研究、企业经营与项目管理，共刊载各类技术文章和管理文章33篇。

　　本书可供从事水利水电施工、设计以及有关建筑行业、金属结构制造行业的相关技术人员和企业管理人员学习、借鉴和参考。

编者

2017年5月

目　录

前言

土石方与导截流工程

南龙铁路端西隧道斜井与正洞交叉口段挑顶开挖施工技术 …………………… 王相森　何吉祥（1）

隧道仰拱填充混凝土找平层自行框架式滚筒整平机施工研究 …………………… 王　鹏　王相森（5）

浅谈深蓄抽水蓄能电站引水斜井开挖及支护工程施工技术 ………… 李　坚　刘友旭　刘玉兵（10）

竖井正井法开挖岩石风化带塌方处理措施 ………………………………………………… 韩　伟（17）

浅谈支护桩挡土板在边坡防护中的应用 …………………………………… 黄炳营　蒲志雄（21）

缓倾角长斜井开挖施工技术研究与应用 ………………………… 马军峰　许远志　欧阳秘（25）

地下工程

地下水封洞库预注浆止水施工应用 ……………………………………………………… 吴　波（29）

浅析斜井绞车提升系统安全技术设计 ………………………………………………… 倪俊杰（33）

浅谈海底排水隧洞塌方处理方法 ………………………………… 李应川　田　波　曾令军（37）

抽水蓄能电站超高水头输水隧洞渗水处理施工技术 ……………… 马军峰　许远志　昌国锴（42）

浅谈树根桩在加固隧道洞口建筑物的应用 ………………… 蒲志雄　张伟峰　黄炳营（47）

混凝土工程

地下厂房饰面免装修清水混凝土施工技术 ………………… 朱育宏　李　辉　刘芳明（50）

浅谈储油洞罐竖井密封塞混凝土施工工艺 …………………………… 谭森桂　金耀科（54）

自密实混凝土在蓄能电站水道平洞施工中的应用 ……………………………………… 李　辉（57）

清远蓄能电站地下厂房清水混凝土表面防护施工技术 ………………… 祝永迪　李国瑞（61）

维克混凝土抗裂抗渗增强剂的应用 …………………………………… 熊富有　张任兵（64）

混凝土质量缺陷常见问题及处理技术 …………………………………… 马文龙　刘代忠（68）

地基与基础工程

灌注桩施工特殊情况及处理方法 …………………………………………… 刘代忠　马文龙（73）

地表注浆在葱坑隧道浅埋段施工中的应用 ………………… 郭长海　黄　亮　何吉祥（77）

湿磨细水泥浆高压固灌技术在海蓄电站的应用 ……………………… 熊晓杰　郭婧舒（83）

无盖重固结灌浆施工技术在海蓄电站的应用 ………………… 叶华新　余　游　熊晓杰（88）

浅谈深蓄抽水蓄能电站引水支管钢衬砌接触灌浆施工 ……………………… 常昆昆　马军峰（92）

清蓄电站输水隧洞高压固结灌浆施工技术 …………………………… 祝永迪 李国瑞（95）

机电与金属结构工程

浅谈阳江风电场风机选型和设备吊装技术 …………………… 杨长福 李 亮 李正雄（100）
公路多心圆隧道削竹式洞门端头模板制作 …………………… 李 顺 卢向林 邹 权（105）
针梁钢模台车在深蓄电站引水隧洞衬砌混凝土施工中的应用 ……………… 刘亚军（109）

试验与研究

黄落绥江大桥连续梁桥施工监控 …………………… 吴仕林 谢冠文 邱仲诚（113）
高速公路隧道施工技术及控制要点分析 …………………… 王 鹤 金耀科（118）
一种斜井运输小车防坠落装置的研究与应用 ………………………… 陈绍友（121）
丘陵地区风电场道路综合排水系统设计及要点分析 …………… 王昌元 李 亮（123）

企业经营与项目管理

浅谈信息化时代对资产的全寿命周期管理 …………………………… 马双峰（127）
浅谈工程项目建设轻型化项目管理 …………………… 徐艺晔 陈 琳（130）
浅谈施工企业的设备物资采购方式 ……………………………… 欧阳强（133）

Contents

Preface

Earth Rock Project and Diversion Closure Project

Study on ripping excavation technology at intersection area of slope hole and main tunnel
 in Nanlong Railway Western Tunnel Project ·································· Wang Xiangsen, He Jixiang (1)
Study on tunnel invert filling technology of self frame roller leveling machine for filling
 concrete leveling layer ································· Wang Peng, Wang Xiangsen (5)
Brief study on construction technology of diversion shaft excavation and supporting work
 of Shenzhen Pumped Storage Power Station ·················· Li Jian, Liu Youxu, Liu Yubing (10)
The application of vertical shaft and main well method in excavation rock weathered zone
 ··· Han Wei (17)
A brief study on application of retaining pile and retaining plate in side slope protection work
 ··· Huang Bingying, Pu Zhixiong (21)
Study and application of long dip angle inclined shaft excavation technology
 ··· Ma Junfeng, Xu Yuanzhi, Ouyang Mi (25)

Underground Engineering

The application of underground cavern grouting construction ·································· Wu Bo (29)
A brief analysis on system security technology design of inclined shaft hoisting winch
 ··· Ni Junjie (33)
A brief study on collapse treatment of submarine drainage tunnel
 ··· Li Yingchuan, Tian Bo, Zeng Lingjun (37)
Construction technology of seepage treatment for super high level conveyance tunnel in
 Pumped Storage Power Station Project ·················· Ma Junfeng, Xu Yuanzhi, Chang Guokai (42)
A Brief study on application of pile strengthening building at tunnel entrance
 ··· Pu Zhixiong, Zhang Weifeng, Huang Bingying (47)

Concrete Engineering

Construction technology of decorative fair-faced concrete for underground powerhouse
 ··· Zhu Yuhong, Li Hui, Liu Fangming (50)
Discussion on concrete construction technology of shaft sealing plug for oil storage tank
 ··· Tan Sengui, Jin Yaoke (54)
Application of self compacting concrete in construction of adit in pumped storage power
 station project ··· Li Hui (57)
Construction technology of fair-faced concrete surface protection for underground powerhouse
 of Qingyuan Pumped Storage Power Station ·················· Zhu Yongdi, Li Guorui (61)

The application of anti-crack and anti-permeability additive of VIC concrete
.... Xiong Fuyou, Zhang Renbing (64)
Study on common problems and solutions of concrete quality defects
.... Ma Wenlong, Liu Daizhong (68)

Foundation and Ground Engineering

Study on special conditions and treatment of cast-in-place pile construction
.... Liu Daizhong, Ma Wenlong (73)
The application of surface grouting in construction of shallow tunnel section
.... Guo Changhai, Huang Liang, He Jixiang (77)
The application of wet grinding cement high pressure grouting technology of Hainan
Pumped Storage Power Station .... Xiong Xiaojie, Guo Jingshu (83)
The application of non-cover consolidation grouting technique of Hainan Pumped Storage
Power Station .... Ye Huaxin, Yu You, Xiong Xiaojie (88)
A brief discussion on grouting technology of construction steel lining of diversion branch
pipe of Shenzhen Pumped Storage Power Station .... Chang Kunkun, Ma Junfeng (92)
A study on high pressure consolidation grouting technology of water tunnel of Qingyuan
Pumped Storage Power Station .... Zhu Yongdi, Li Guorui (95)

Electromechanical and Metal Structure Engineering

A brief discussion on technology of fan selection and equipment hoisting in Yangjiang
Wind Farm Station Project .... Yang Changfu, Li Liang, Li Zhengxiong (100)
A study on template fabrication of bamboo truncating portal at multi-center circular
highway tunnel .... Li Shun, Lu Xianglin, Zou Quan (105)
The application of telescoping steel form truck in construction water channel lining concrete
work of Shenzhen Pumped Storage Power Station .... Liu Yajun (109)

Test and Research

A study on construction monitoring of continuous girder of Huangluo Suijiang River Bridge
.... Wu Shilin, Xie Guanwen, Qiu Zhongcheng (113)
Analysis of keypoints of construction technology and control method in expressway
tunnel project .... Wang He, Jin Yaoke (118)
Research and application of falling prevention device for inclined shaft transport car
.... Chen Shaoyou (121)
Brief analysis of integrated drainage system design at wind farm road construction in
hilly area .... Wang Changyuan, Li Liang (123)

Enterprise Operation and Project Management

A brief study on assets life cycle management in the information era .... Ma Shuangfeng (127)
A brief study on light management in construction project .... Xu Yiye, Chen Lin (130)
Discussion on equipment & material purchasing methods in construction enterprises
.... Ouyang Qiang (133)

南龙铁路端西隧道斜井与正洞交叉口段挑顶开挖施工技术

王相森　何吉祥/中国水利水电第十四工程局有限公司

【摘　要】 南龙铁路端西隧道进口位于高砂镇渔珠村，出口位于高砂镇官庄村，隧道全长6216m，最大埋深约250.8m。端西隧道设计行车速度为200km/h，为双线无砟轨道，洞室开挖跨度达13.6m，地质条件复杂。隧道设一座斜长414.83m的斜井，斜井位于线路前进方向右侧，与正洞交于2461m处，交角为59°，综合8.69%，双车道无轨运输。端西隧道斜井与正洞叉口段开挖跨度大，施工过程中干扰大、围岩稳定控制难度大，开挖支护方案的精选、监测数据及时采集和分析、过程中的支护方案的及时调整等施工手段的实施，最终完成了端西隧道斜井与正洞交叉口段挑顶开挖施工。

【关键词】 铁路隧道施工　斜井与正洞交叉口段　挑顶　施工方法[1]

1　概述

南龙铁路扩能工程段NLZQ-Ⅱ标段端西隧道进口位于三明市沙县高砂镇渔珠村，隧道出口位于三明市沙县高砂镇官庄村，隧道全长6216m，最大埋深约250.8m。端西隧道设计行车速度为200km/h，为双线无砟轨道，洞室开挖跨度达13.6m，地质条件复杂。

端西隧道设斜井一处，位于高砂镇端溪村。井口位于斜井前进方向右侧，与线路小里程方向的夹角为59°，与正洞交于2461m处。斜井斜长414.83m，综合坡度8.69%，交通便利。

2　施工方案

2.1　总体方案

端西隧道斜井与正洞交叉段围岩为前震旦系建瓯群（AnZjn）云母石英片岩W2，浅灰色，变余结构，片状构造，岩体较完整，局部节理发育。地下水为基岩裂隙水，不发育，为弱富水区。

端西隧道斜井施工至与正洞开挖交界后，以一定坡度斜向上开挖至正洞拱顶高程，随后继续沿龙岩方向扩挖，严格控制炮眼深度直至形成正洞上台阶标准断面，并继续开挖正洞龙岩方向，支护上台阶10m形成作业空间后，反方向施工正洞上台阶。至斜井口后，再由斜井口开始完成南平方向下台阶开挖支护。下台阶进尺20m后，再采用台阶法开始龙岩方向正洞开挖，从而完成交叉口段挑顶[2]施工。

2.2　施工工艺

2.2.1　超前地质预报

端西隧道斜井进正洞前，监控量测[3]组应依照设计图纸对端西隧道斜井与正洞交叉段采用加深炮孔、地质素描超前地质预报，探明端西隧道斜井及交叉段正洞地质、水文概况，以便施工中提前采取措施。

2.2.2　开挖工艺

端西隧道斜井与正洞交叉口处为Ⅱ级围岩，正洞岔口段衬砌类型为Ⅳa型复合式衬砌，斜井岔口段衬砌类型为无轨运输双车道Ⅳ级围岩复合式衬砌。斜井施工至交叉口处时，通过设置型钢钢架，为正洞钢架提供落脚平台[4]。

2.2.2.1　拱腰及边墙开挖

当施工到隧道中线时，由技术人员现场测量放线确定斜井掌子面与隧道正洞的开挖轮廓线间距，进行上台阶开挖，严格控制开挖层高及每循环进尺。上台阶开挖完成后开始下台阶施工。

当上台阶掌子面开挖至距正洞左线外轮廓 2.5～3.0m 时，开始调整炮眼钻孔方向，以喇叭口形式分别

向南平和龙岩钻爆开挖[5]，待开挖边线达到设计要求后再将残留的三角体挖除。施作钻爆孔前，应由测量放出各个炮孔的位置及深度，使得正洞洞身线左侧开挖时不会形成大的超挖或欠挖，见图 1。

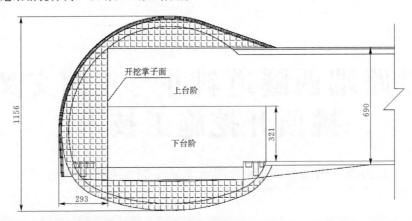

图 1 正洞开挖侧视图（单位：cm）

2.2.2.2 顶拱及仰拱开挖

交叉段拱部和仰拱围岩与边墙的开挖方式相同，分别向南平和龙岩方向以喇叭口形式开挖，待开挖边线达

到拱顶设计要求时，再将残留的三角体挖除[6]，见图 2、图 3。

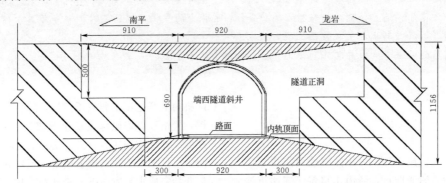

图 2 交叉段正洞顶拱及仰拱开挖立面示意图（单位：cm）

图 3 交叉段斜井开挖平面示意图

为方便施工，交叉段斜井开挖时，底部按一定坡度顺接至仰拱填充顶界面，待斜井完成正洞施工后，斜井底部超挖部分采用混凝土回填至设计坑底标高。

2.2.3 支护工艺

（1）斜井施工至交叉口处时，通过钢架支撑，完成由钢架垂直于斜井中线过渡到平行于正洞中线[7]。

（2）由于正洞开挖断面较大，为保证进正洞挑顶施工安全，在斜井与正洞交接处紧贴正洞开挖轮廓线处，架立型钢钢架（密贴），钢架与正洞中线平行（图4），在此型钢钢架基础上焊接型钢横梁，横梁端部设置钢架立柱支撑，并采用连接板、螺栓连接横梁与立柱钢架，横梁、立柱、斜井钢架间设置斜撑，横梁需加强系统锚杆和锁脚锚杆设置，并为正洞钢架提供落脚平台（图5）。

（3）斜井施工至交叉口处，做好交叉口处横梁、立柱支撑、斜井加强钢架等工作后，以一定坡度向正洞方向垂直掘进，采用正洞交叉口支护方式进行中线右侧上导坑支护，靠近正洞一侧钢架接头采用锁脚锚管固定，同时做好系统锚杆，做好正洞钢架的固定。

（4）继续向垂直正洞方向完成左侧上导坑支护工作，并设置竖向钢支撑加强支护。

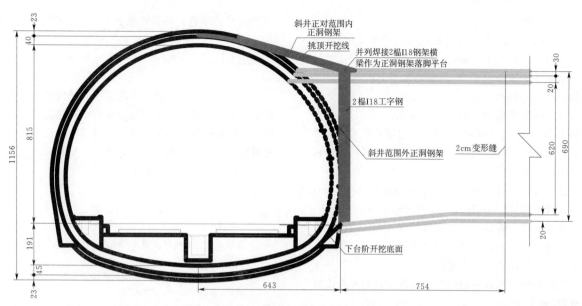

图 4 交叉口处加强拱架立面示意图（单位：cm）

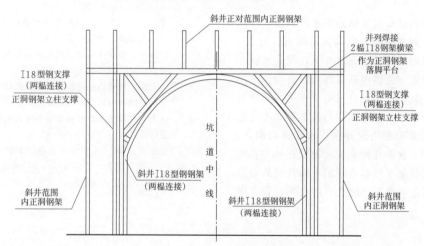

图 5 交叉段支护加强立面图

（5）正洞上导坑开挖支护全部完成后，拆除竖向临时钢支撑，上导坑开始向正洞双向掘进，待单侧掘进长度大于 10m 后，开始下导坑的开挖支护工作。

2.2.4 围岩监控量测

交叉口段施工时及时设置监控测点，量测断面按 5m间距布设。测点安装在距开挖工作面 2m 以内，且在开挖后 12h 内完成，并在下一循环开挖前测取初次读数。量测频率不少于 2 次/d。如有异常，应立即采取加固措施。钢架不得置于虚砟和松动围岩上，并加强锁脚，锁脚钢管与钢架焊接牢固，确保钢架稳定。斜井与正洞掌子面施工时，应设专人值班，随时监测和观察围岩及支护状态的稳定性[8]。通过围岩监控量测采集数据分析，端西隧道斜井与正洞交叉口段开挖过程中围岩基本稳定，隧道拱顶沉降及周边收敛数据均控制在允许范围内。

2.2.5 二次衬砌

2.2.5.1 斜井衬砌支护参数

斜井与正洞连接段设 35m 长衬砌结构加强段，采用复合式衬砌，其参数见表 1。

表 1 无轨运输双车道 Ⅳ 级围岩复合式衬砌参数表

初期支护						二次衬砌	
喷射混凝土	锚杆			钢筋网	格栅钢架		
厚度/cm	位置	长度/m	间距（环×纵）/(m×m)	拱墙	拱墙	标号	厚度/cm
20	边墙	3.0	1.2×1.2	φ6 网格25cm ×25cm	间距1m	C30	30
	拱部	3.0	1.5×1.5				

注 斜井施工开挖时，交叉口处衬砌加强段须预留变形量 5～8cm。

2.2.5.2 正洞衬砌支护参数

斜井与正洞交叉口处为 Ⅱ 级围岩，衬砌类型为 Ⅳb。

初期支护参数如下：

喷射混凝土：拱墙部位喷射 C30 混凝土 23cm，仰拱部位喷射 C25 混凝土 23cm。

钢筋网片：拱部设置 $\phi6$ 钢筋网片（HPB300），布置间距 20cm×20cm。

锚杆：拱部采用 $\phi22$ 组合中空锚杆，长 3.5m，布置间距 1.5m×1.5m（环向×纵向），边墙采用 $\phi22$ 砂浆锚杆，长 3.5m，布置间距 1.5m×1.2m（环向×纵向），锚杆尾端均应配垫板、螺母。

钢架：全环采用 I18 型钢，布置间距 0.8～1.0m，相邻钢架间采用 $\phi22$ 钢筋连接，环向间距 1.0m。

二次衬砌时，隧道拱墙和仰拱均采用 C30 混凝土，其中拱墙浇筑厚度 40cm，仰拱浇筑厚度 45cm。浇筑完毕后采用 C20 混凝土对仰拱进行填充。

在斜井顶部 180°设置钢筋加强，范围为斜井与正洞交叉部位 5m。

2.2.6 防排水措施

端西隧道斜井洞内通长设置单侧排水沟，排水沟结合永久排水沟设置，斜井路面向侧沟方向横向设置 1％的横坡，为防止端西隧道斜井地下水流下正洞，在斜井井底气闸间缓坡段设置一道横向截水盲沟，盲沟开挖尺寸为 70cm×80cm（宽×高）。斜井与隧道交叉段前适当的位置设置集水井一座，斜井内侧沟与截水盲沟水均汇向集水井，采用水泵及时将集水井内积水抽排出洞外。集水井在交叉段正洞下台阶开挖完成前设置在斜井，正洞下台阶开挖完成后将集水井移至正洞与斜井交叉处靠南平侧；浇筑交叉段地板混凝土时在盲沟底部设置 5 根

$\phi150$PVC 排水管，将斜井地下水引排至正洞中心水沟。

3 结论

端西隧道斜井与正洞交叉口段开挖跨度大，施工过程中干扰大、围岩稳定控制难度大，开挖支护方案的精选、监测数据及时采集和分析、过程中的支护方案的及时调整等施工手段的实施，最终安全顺利完成了端西隧道斜井进正洞挑顶工程施工。

参 考 文 献

[1] 易维．红石岩隧道挑顶技术研究 [J]．山东工业技术，2016（21）：131-132．

[2] 史振宇．包家山隧道大断面斜井进正洞挑顶技术 [J]．隧道建设，2010（03）：313-316．

[3] 付国宏．7 号斜井进正洞挑顶施工技术 [J]．铁道标准设计，2005（09）：77-79．

[4] 黎冬来．横洞进正洞挑顶技术在新关坡隧道施工中的应用 [J]．铁道建筑技术，2011（S1）：140-142，162．

[5] 沙国国．新黄土隧道横洞进正洞正交挑顶施工技术 [J]．铁道勘察，2011（03）：86-88．

[6] 闫志刚．鹰鹞山隧道斜井进正洞挑顶施工技术 [J]．铁道建筑，2009（11）：47-48．

[7] 赵勇．无轨运输斜井井底车场优化及挑顶施工技术 [J]．隧道建设，2007（S1）：40-42．

[8] 赵东荣．浅谈大断面黄土隧道斜井三岔口地段挑顶施工 [J]．山西建筑，2007（12）：264-265．

隧道仰拱填充混凝土找平层自行框架式滚筒整平机施工研究

王　鹏　王相森/中国水利水电第十四工程局有限公司

【摘　要】　传统的隧道仰拱填充混凝土受施工作业的限制，只能采用人工配合小型机具逐仓进行仰拱填充混凝土顶面找平的施工，导致仰拱填充混凝土顶面找平工作效率较低，外观质量及排水坡的坡度较难控制，施工完成的仰拱填充混凝土顶面在后期隧道继续开挖、衬砌的过程中也较容易遭到破坏。为了提高工作效率，简化施工工序，保证仰拱填充混凝土顶面外观质量等符合设计及规范要求，提出了浇筑隧道仰拱填充混凝土时顶面预留25～30cm高度后期在水沟电缆槽施工完毕后采用自行框架式滚筒整平机进行整体找平的方法进行找平层的施工。

【关键词】　隧道仰拱填充　混凝土找平层　自行框架式滚筒整平机[1]　整体找平施工

1　概述

传统的隧道仰拱填充混凝土根据隧道每仓仰拱长度采用仰拱栈桥进行分仓浇筑，受仰拱栈桥长度的限制，进行仰拱填充混凝土顶面找平时也需分仓进行，并且受场地及车辆通行要求的限制，难以进行大型机械化施工，只能采用人工配合小型机具逐仓进行仰拱填充混凝土顶面找平的施工，由于仰拱填充混凝土顶面排水坡及排水槽的设置施工时较繁琐，导致仰拱填充混凝土顶面找平工作效率较低，外观质量及排水坡的坡度较难控制，尤其是施工完成的仰拱填充混凝土顶面在后期隧道继续开挖、衬砌的过程中也较容易遭到破坏，影响后续道床板的施工。为了提高工作效率，简化施工工序，保证仰拱填充混凝土顶面外观质量等符合设计及规范要求，提出了浇筑隧道仰拱填充混凝土时顶面预留25～30cm高度（简称为"找平层"）后期在水沟电缆槽施工完毕后采用自行框架式滚筒整平机进行整体找平的方法进行找平层的施工[2]。

2　工艺原理

自行框架式滚筒整平机工作长度为9.2m（隧道内两侧水沟电缆槽侧墙之间的距离），两端设置行走装置，行走轮轨道设于通信信号电缆槽上部[3]，见图1～图3。自行框架式滚筒整平机底部设置3个可转动的工作辊（滚筒），工作辊（滚筒）均按设计排水坡的坡度及流水槽的设置采取圆台形设计，以保证整过的混凝土表面排水坡的设置满足设计要求。仓面清理及堵头模板架立等工序验收合格后，向仓内浇筑混凝土，混凝土采用人工进行摊铺、振捣、初平，自行框架式滚筒整平机紧随其后，通过电机作为动力前行并一次将找平层混凝土整平完毕，相关流程见图4～图10。

图1　自行框架式滚筒整平机　　　　图2　整平机轨道座安装调平

图 3 整平机轨道及行走装置

图 4 自制工作台架

图 5 JL-6 型反向地面刨毛机

图 6 JL-6 型反向地面刨毛机凿毛效果

图 7 仰拱填充混凝土表面清理

图 8 人工摊铺、初平混凝土

图9　整平机振捣、整平混凝土仓面

图10　整平机整平后效果图

3　施工工艺流程及操作要点

3.1　施工工艺流程

工艺流程为：施工准备（整平机的制作、安装调试等）→仓面处理（混凝土表面、施工缝凿毛处理及各种预埋管线的检查等）→测量放线→模板施工（立堵头和集水井模板）→仓面清理、验收→整平机就位→浇筑混凝土→整平机整平（排水坡及排水槽施工）→脱模→缝面处理及混凝土养护→下一施工循环。施工工艺流程见图11。

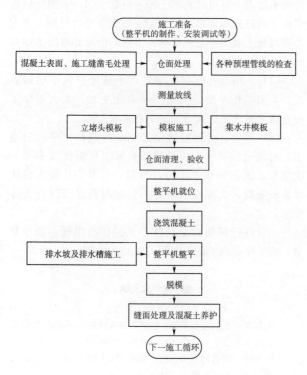

图11　施工工艺流程图

3.2　操作要点

3.2.1　自行框架式滚筒整平机制作要点[4]

（1）工作辊（滚筒）。根据隧道内仰拱填充混凝土顶面排水坡及流水槽等的设计情况进行设计制作工作辊（滚筒），工作辊（滚筒）采用实心设计，并与动力装置连接，可自行滚动进行提浆、振捣。

（2）工作台架。采用高强度钢结构制作，框架式设计，可分节，便于拆装。

（3）行走系统。在通信信号电缆槽上部安装可调式行走轨道，行走轮通过链条及齿轮等构件与动力装置相连，施工过程中可自行在轨道上进退行走，并可调节行走速度。

（4）自行框架式滚筒整平机制作目的及措施见表1。

3.2.2　现场施工要点

（1）仓面清理。找平层施工前，需对原仰拱填充混凝土表面及施工缝处进行凿毛处理，凿毛采用JL－6型反向地面刨毛机进行。并对横向引水管、过轨管及中心管沟等预埋管件的畅通性进行检查并处理。

（2）测量放线。在隧道原仰拱填充混凝土表面测量放线，并用墨线在两侧水沟电缆槽侧壁上标记出找平层混凝土浇筑高程线。

（3）模板安装。主要包括堵头模板及集水井处模板。

（4）仓位验收。主要包括凿毛处理、预埋件、模板安装、仓位清理等。

（5）混凝土浇筑。找平层混凝土应从中间向两侧左右对称均匀下料，整体浇筑，并应随浇随平仓，平仓以人工摊铺平仓为主，不得堆积，并采用插入式振捣器进行初步振捣。

（6）整平机就位及整平[5]。在通信信号电缆槽上部安设整平机行走轨道座及轨道，并通过轨道座上的螺栓将轨道调整至设计高程。启动行走轮及工作辊（滚筒）

表 1　　　　　　　　　　　　　自行框架式滚筒整平机制作目的及措施

项目名称	方案	目　的	措　施
工作辊（滚筒）	圆台形滚筒方案	1. 滚筒可通过电机作为动力，整平过程中自行滚动起到振捣、提浆的作用。 2. 滚筒圆台形设计，施工的过程中可使找平层顶面整平及排水坡的设置一次成型、到位	1. 根据隧道内仰拱填充混凝土顶面排水坡的设计情况制作工作辊（滚筒），采用圆台形设计。 2. 工作辊（滚筒）采用实心设计，保证具有一定的自重，保证施工的过程中整平机不出现上浮。 3. 通过链条及齿轮等构件将工作辊（滚筒）与动力装置（电机）相连，施工过程中可自行提浆、振捣
工作台架	框架式方案	1. 满足悬挂滚筒和整体移动的功能。 2. 稳定性好，组合式，便于运装	1. 采用高强度钢制结构制作，坚固抗震。 2. 框架式设计，自重轻，稳定性好。 3. 框架分节制作，单节之间采用高强度螺栓进行连接，方便拆装及运输
行走系统	轨道自行式行走方案	通过电机作为动力，可在通信信号电缆槽上部安装的轨道上自行进退行走，并可调节行走速度	1. 在通信信号电缆槽上部安装可调式轨道座，轨道座上部可通过螺栓进行调节轨道高程，以达到整平机底面高程符合设计要求。 2. 行走轮通过链条及齿轮等构件与动力装置（电机）相连，施工过程中可自行进退行走，并可调节行走速度

电机，人工摊铺、初步振捣后整平机紧跟进行找平层顶面整平的施工。整平机行进的过程中应尽量保持匀速，且速度不宜过快，整平效果差的部位应将整平机退回反复进行整平，直至满足要求。

（7）流水槽的施工。整平机整平后再次检查隧道中心和两侧排水坡，对坡度不符合要求的利用自制工作台进行人工抹面处理，并在隧道中心利用 ϕ100 PVC 管在混凝土面设置 ϕ100 半圆排水槽，两侧水沟电缆槽边缘利用 ϕ160 PVC 管在混凝土面设置 ϕ160 半圆排水槽。

（8）混凝土表面收仓。混凝土表面收仓除道床板位置需拉毛外，其他部位均抹面压光。拉毛采用拉毛机或 JL-6 型反向地面刨毛机进行施工。

（9）切缝处理。为防止找平层混凝土出现不规则裂缝，要求至少每两仓仰拱长度设置一道横向切缝，缝面需与仰拱施工缝在同一截面，切缝深度不小于 5cm，宽度为 4~6mm，切缝在混凝土终凝后 24h 内完成。

（10）拆模及养护。混凝土浇筑初凝后拆除模板进入下一仓位，混凝土采取土工布置覆盖洒水，并在其上覆盖塑料薄膜的养护方式，确保混凝土表面能保持充分潮湿状态。养护时间不少于 7d。

（11）踏步的施工。踏步双侧分段设置，纵向间距 25m，每段长 2m，结构尺寸 0.3m×0.4m（宽×高）。找平层施工完成后及时施做。

4　结论

（1）由于浇筑隧道仰拱填充混凝土时不必考虑顶面

找平的施工，只需将仰拱填充混凝土浇筑至设计道床板底面以下 25~30cm 处相应高程，振捣密实粗略整平后即可，大大提高了隧道开挖过程中仰拱施工的工作效率。

（2）找平层施工前，需对原仰拱填充混凝土表面进行凿毛处理，针对此新增工序，引进了 JL-6 型反向地面刨毛机进行原仰拱填充混凝土表面凿毛的处理，大大加快混凝土表面凿毛的效率，可基本消除此新增工序对施工进度的影响。

（3）采用自行框架式滚筒整平机进行找平层的施工[6]，可将作业面延长至 50m 甚至更长，大大消除了分仓施工对施工进度造成的不良影响。

（4）采用自行框架式滚筒整平机进行找平层的施工，可通过整平机上设置的圆台形工作辊使找平层一次成型，无需分块人工进行修整、找平，且表面整体线条较美观，上部排水坡等的设置均能保证符合设计要求。

（5）自行框架式滚筒整平机制作费用低，操作简单，施工作业面整洁、文明，施工效率高。

参 考 文 献

[1] 庞林军. 混凝土整平机在铁路工程隧道施工中的应用 [J]. 云南水力发电，2013（02）：144-146，163.

[2] 时亚昕. 隧道仰拱快速施工技术的现场试验研究 [D]. 成都：西南交通大学，2004.

[3] 辛杰. 定型钢模板在隧道仰拱混凝土施工中的应用 [J]. 铁

道建筑，2013（01）：31－32.

［4］ 刘凡亮，王勇．仰拱移动模架快速施工工艺在隧道中的应用［J］.四川建筑，2012（01）：198－200，204.

［5］ 陈卫华．京沪高速铁路隧道仰拱施工工法［J］.四川建材，

2010（04）：142－144，146.

［6］ 周廷浩．客运专线铁路长大隧道仰拱衬砌采用简易栈桥施工技术及经济分析［J］.铁道标准设计，2009（04）：82－85.

浅谈深蓄抽水蓄能电站引水斜井开挖及支护工程施工技术

李　坚　刘友旭　刘玉兵/中国水利水电第十四工程局有限公司

【摘　要】 在地下电站工程中，斜井布置较为普遍，且斜井的规模仍在不断加大。在施工中，斜井的施工精度历来都是水电工程中的难题。深圳抽水蓄能电站地下电站引水发电系统中2条50°斜角斜井的采用反井钻开挖的方法具有代表性，针对此情况，深圳抽水蓄能电站项目经过多方求证后，对该2条斜井采用反井钻机导井法进行施工，在施工中总结了宝贵的经验。本文从反井钻机导井法施工与精度控制两方面进行阐述，为其他工程提供借鉴作用。

【关键词】 长斜井　50°斜角　导井法施工　研究与实践

1　工程概况

深圳抽水蓄能电站位于深圳市东北部的盐田区和龙岗区内，距深圳市中心约20km，装机容量1200MW。枢纽工程由上水库、下水库、输水系统、地下厂房系统、开关站、场内永久道路等部分组成。

引水隧洞斜井分上、下斜井，均由上弯段、直线段和下弯段组成，上斜井长380.276m，桩号为Y1＋613.080～Y1＋993.356，上斜井直线段和上、下弯段长分别为315.107m、33.161m、32.008m；下斜井长162.88m，桩号为Y2＋947.737～Y3＋110.617，下斜井直线段和上、下弯段长分别为97.711m、32.008m、33.161m。上、下斜井直线段倾角均为50°，斜井开挖断面为圆形断面，开挖半径均为5.350m。

2　施工方案

2.1　斜井总体开挖方案

斜井开挖顺序为：先进行上、下弯段开挖（包含技术性扩挖）→安装反井钻机→导井开挖→直井段扩挖。开挖施工分为先导孔施工、一次扩挖、二次扩挖施工三个步骤。导井自下而上进行开挖，直井段扩挖从上向下进行，斜井开挖流程见图1。

斜井上弯段和下弯段开挖时采用人工使手风钻钻孔，为降低斜井堵井概率，保证出渣效率，需要先在斜井的下弯段扩挖集渣场；斜井直井段开挖采用先用RHINO－400H型反井钻机把中导孔扩成直径为1.4m的导井，然后用手风钻进行斜井的扩挖。集渣场扩挖布置、反井钻机施工工艺详见图2。

一次扩挖采用反井法自下而上将直径为1.4m的导井扩挖成直径为3.5m的导井，其施工工艺详见图3。

二次扩挖采用正井法，自上而下扩挖至设计断面，工艺详见图4。

在上弯段紧邻平洞的两侧范围进行技术性扩挖，扩挖出绞车布置的空间，进行人员，工作平台的输送；上弯段技术性扩挖见图5。

2.2　斜井开挖和支护期间辅助设施施工方法

2.2.1　上平洞、上弯段开挖期间辅助设施施工

为方便斜井开挖和混凝土衬砌期间设备的安装，在平洞段及斜井上弯段第一次开挖期需扩挖辅助设施的安

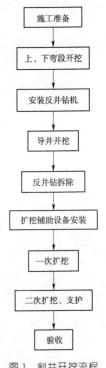

图1　斜井开挖流程

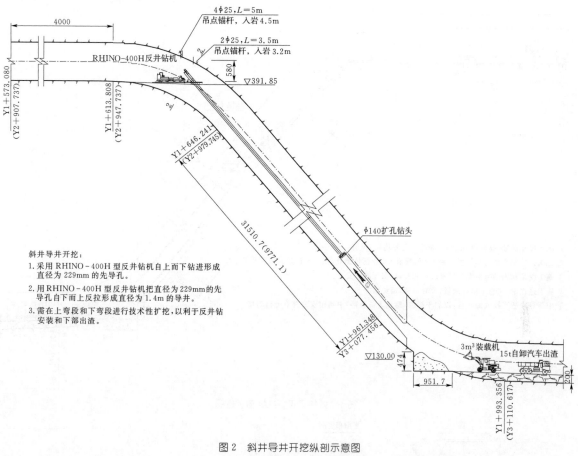

斜井导井开挖：

1. 采用 RHINO-400H 型反井钻机自上而下钻进形成直径为 229mm 的先导孔。

2. 用 RHINO-400H 型反井钻机把直径为 229mm 的先导孔自下而上反拉形成直径为 1.4m 的导井。

3. 需在上弯段和下弯段进行技术性扩挖，以利于反井钻安装和下部出渣。

图 2　斜井导井开挖纵剖示意图

说明：

1. 图中尺寸桩号、高程以 m 计，其余除注明外均以 cm 计。

2. 与斜井上弯段紧邻的平洞段 40m 范围技术性超挖，以便斜井开挖及混凝土施工时布置反井钻机及其辅助设备、扩挖台车的卷扬提升系统、斜井滑模的运输小车提升系统及井口平台。

3. 斜井开挖的施工流程：施工准备→反井钻机及辅助设备安装、调试→φ229mm 导孔→自下而上将导井扩为 φ1.4m→一次扩挖→二次扩挖、支护跟进。

4. 斜井一次、二次扩挖采用手风钻钻孔爆破，石渣溜至下弯段的集渣场，由 3m³ 装载机配合 15t 自卸车出渣，为了便于溜渣，反井钻导孔轴线做了调整，使一次扩挖后导井外边线与设计轮廓线吻合。

5. 一次扩挖采用两台 15t 的绞车牵引 6m 的吊笼自下而上将导井扩挖成 φ3.5m，施工吊笼就位后用洞侧插筋进行锁定，防止断绳滑落。

6. 绞车及卷扬机的布置另见详图。

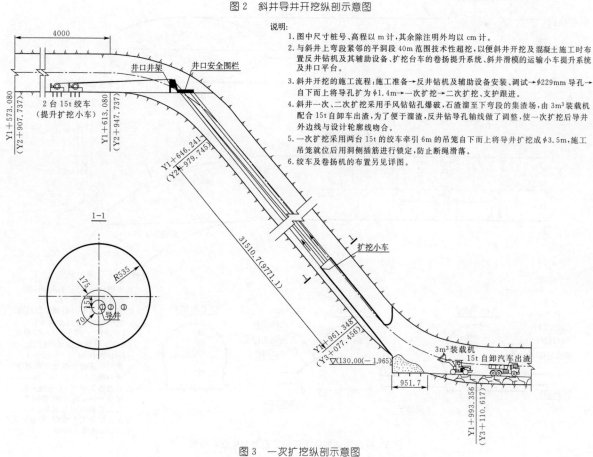

图 3　一次扩挖纵剖示意图

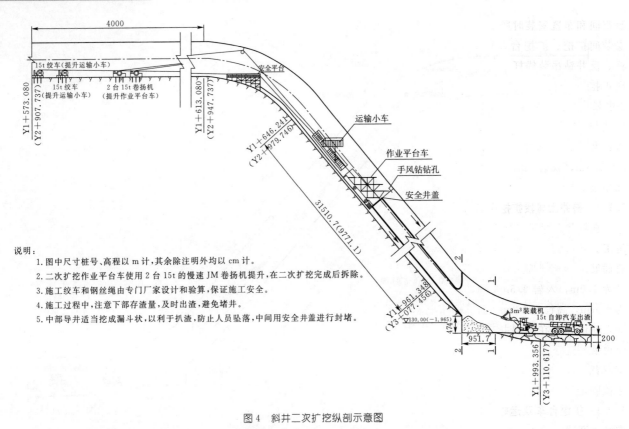

图4 斜井二次扩挖纵剖示意图

说明:
1. 图中尺寸桩号、高程以m计,其余除注明外均以cm计。
2. 二次扩挖作业平台车使用2台15t的慢速JM卷扬机提升,在二次扩挖完成后拆除。
3. 施工绞车和钢丝绳由专门厂家设计和验算,保证施工安全。
4. 施工过程中,注意下部存渣量,及时出渣,避免堵井。
5. 中部导井适当挖成漏斗状,以利于扒渣,防止人员坠落,中间用安全井盖进行封堵。

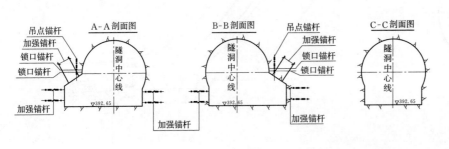

说明:
1. 本图尺寸单位均以mm计,高程单位以m计。
2. 为了保证反井钻施工沉淀池低于导孔孔口,需将Y1+613.080~Y1+634.985段按3.9%的坡度放坡开挖,见D-D立视图。
3. 支护形式按开挖出露的围岩类别确定。
4. 考虑施工难度,上弯段大桩号留2.0m高岩埂,待斜井二次扩挖时再行处理。
5. 吊点焊缝为双面焊,焊缝长20cm,高度10mm。

图5 高压隧洞斜井施工绞车布置及空间扩挖图

装空间和布置安装时所需的锚杆，具体包括反井钻机安装间扩挖、扩挖台车安装锚杆、斜井滑模拆除锚杆、反井钻吊装锚杆、一次扩挖卷扬机天轮锚杆、二次扩挖卷扬机天轮锚杆。反井钻机吊装锚杆参数：2根ϕ25钢筋锚杆，长3.5m，入岩3.2m。扩挖台车安装与滑模拆除吊点锚杆共用同一位置锚杆，锚杆参数：共8组，每组6根，单根锚杆采用ϕ25钢筋，L=3.5m，入岩3m，可满足扩挖台车安装与滑模拆除吊装。

2.2.2 斜井上弯段扩挖台车轨道插筋制安、轨道安装

在斜井上弯段二次开挖完成后进行扩挖台车轨道施工。轨道施工包括：轨道插筋施工、轨道制安；轨道插筋采用ϕ25螺纹钢，布置间距为0.35m，插筋长度为1.0m，入岩0.5m。轨道插筋施工误差平面位置为±5cm，高程为±2cm，为方便扩挖台车的安装和拆除，轨道分别在与斜井弯段紧邻的平洞段延长20m。轨道插筋制安随二次扩挖进度跟进。轨道采用［20槽钢双背而成，两根轨道之间采用间距1.5m的［8槽钢连接固定。

2.2.3 扩挖台车及运输小车相关设施布置、扩挖台车安装、调试

扩挖台车及运输小车相关设施包括扩挖台车安装起吊系统、扩挖台车牵引系统（布置2台20TJM卷扬机）、运输小车牵引系统［布置2台15TJTP(B)-1.6×1.5绞车］、运输小车天轮检修钢梯。在布置完相关辅助设施后，进行扩挖台车的安装，安装完成后需经过相关部门验收合格、调试运行合格后，扩挖台车才能投入使用。在井口钢平台未形成之前，二次扩挖运输小车的牵引系统采用一次扩挖的扩挖小车牵引系统，待井口钢平台形成后，二次扩挖台车的牵引系统改用自己的牵引系统，同时安装运输小车。

2.3 反井钻机导孔施工

安装好反井钻后即可开始导孔施工。

先导孔施工时用泥浆泵将水（或泥浆）压入孔内，作为排渣及冷却钻头用水，导孔内钻出的岩粉随泥浆流入沉渣池沉淀，人工捞出堆放，扩孔自下而上进行，使用自流水冷却钻头和冲渣。

在施工过程中，如果出现塌孔、返水较小、不返水等异常情况时，则需拌制泥浆，用泥浆护壁堵塞溶洞和裂隙。反井钻机工艺流程见图6。

2.3.1 先导孔施工

先导孔施工流程：测量定位→钻机施工平台基础施工→钻机安装→钻孔。反井钻基础采用C20混凝土，

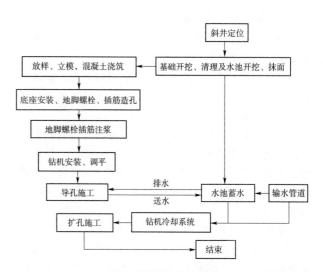

图6 反井钻机工艺流程

在基础上安装钢制反井钻机底座，钻孔施工插筋固定，再安装转盘吊和翻转架，调平钻机。为确保先导孔的钻孔精度，控制先导孔偏斜率，依照斜井设计图纸结合以往我们在反井钻施工斜井中的经验，施钻控制要点如下：

（1）先导孔在距斜井中心上方1.51m位置开孔，开孔角度为50°。

（2）开孔时钻具组：先接6根稳定钻杆，随后接3根普通钻杆，接1根稳定钻杆，再放3根普通钻杆，1根稳定钻杆，共使用稳定钻杆8根。

（3）钻机钻进参数控制：先导孔开孔时的钻孔速度控制在0.5～0.8m/h，推进力取20～150kN，转速范围控制在12～18r/min间；正常钻孔过程中钻孔速度控制在1.0～1.5m/h，推进力取250～270kN，转速范围控制在15～20r/min，回转扭矩5～15kN·m。

（4）钻孔倾斜度测量：开孔钻具组钻进1～2m校核一次开孔倾角（用全站仪测量），第一次换钻头或钻进100m左右测斜一次（用RHINO300-2型测斜仪测量）；钻孔过程中视实际情况增加测量次数。

（5）导孔在距离孔底有5～8m时，在下平洞位置距下弯段40m处设置围栏，禁止人员进入，防止落物伤人。

2.3.2 扩孔钻进

（1）ϕ1.4m扩孔钻头连接。导孔贯通后，在斜井底部用卸扣器将导孔钻头和异型钻杆换下，修平贯通面的扩孔钻进范围，使之与导孔轴线垂直。用装载机将钻头运至斜井底部，将上下提吊块分别同钻头、导孔钻杆固定，上下提吊块用钢丝绳连接，提升导孔钻杆，使钻头离开地面约20cm，然后固定钻头，下放导孔钻杆，拆去上下提吊块，连接扩孔钻头。

（2）将动力水龙头出轴转速调为慢速挡。

（3）在冷却水泵出水管上接一个三通，提供扩孔钻进用水，以冷却钻头、消尘。

（4）在扩孔钻头还未全部进入钻孔时，为防止钻头剧烈晃动而损坏刀具，先使用低钻压、低转速钻进，待钻头全部钻进时，方可加压钻进。

（5）卸钻杆。钻杆上升过程中，待第二根钻杆上方卡位升至卡座上方约20cm，将上卡瓦卡住第二根钻杆的上卡位，下降动力水龙头，使下卡进入卡座内，反转动力水龙头一圈，固定第二根钻杆，即可进行扩孔钻进。

在卸钻杆过程中，钻杆接头无法松动时，使用辅助卸扣辅助动力水龙头反转，如果使用辅助卸扣装置也不能松动接头时，则在待松动的接头四周用氧焊烘烤，边烘烤边反转动力水龙头直至松动为止。如果使用氧焊烘烤还是不能松动接头时，则在第一根钻杆的下边缘用钢锯锯除2～3mm，再反转动力水龙头松动接头。

正常扩孔施工钻孔速度为0.5～0.7m/h，钻压为800～1200kN，转速为7～8r/min，回转扭矩50～60kN·m。

2.4 斜井石方扩挖

2.4.1 一次扩挖

一次扩挖采用反井法扩挖，人员、设备的上下通过扩挖小车，钻孔方向平行于导孔轴线，扩挖后导井直径为3.5m，每排炮最大孔深3.0m，最大孔距为0.8m，排距0.5m，按梅花形布置孔位；同时为防止 $\phi1.4m$ 导井堵塞，一次扩挖时控制在每3排炮出一次渣，每次出渣必须将下弯段集渣场内的洞渣清除干净。

一次扩挖采用布置于平洞段紧邻上弯段的两台15t的绞车牵引6.0m长的扩挖小车在 $\phi1.4m$ 导井内运行，对导井自下而上进行扩挖，成型后断面直径为3.5m，以利于溜渣，防止二次扩挖时堵塞导井。牵引绞车和扩挖小车进行专门设计，保证施工安全。施工过程中扩挖小车长度的2/3（4m）在 $\phi1.4m$ 的导井中，其余2m出露在已扩挖的 $\phi3.5m$ 导井内，作为造孔用施工平台。施工扩挖小车就位后需在洞侧用插筋进行锁定，作为绞车断绳保护装置，锁定完成后作业人员方可进行施工作业。

2.4.2 二次扩挖

二次扩挖采取自上而下扩挖的施工方法，为便于绞车规划，利用斜井扩挖台车进行开挖，通过10t绞车牵引运输小车运送人员、材料，施工人员在扩挖台车上进行打钻施工（图3）。

二次扩挖台车及运输小车在轨道上行走，在安装扩挖台车前首先要进行轨道安装，轨道分为上平段轨道、弯段及斜井直线段轨道，斜井直线段又分固定轨道及活动轨道两种，固定轨道安装在不受爆破影响的范围中，

活动轨道在每排炮爆破后安装。为了兼顾后期滑模混凝土施工，扩挖期间的台车运行轨道兼作混凝土衬砌期间的滑模运行轨道。

2.4.3 扩挖支护工艺流程

斜井一次扩挖支护工艺流程见图7，斜井二次扩挖支护工艺流程见图8。

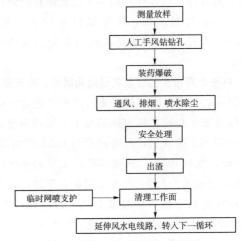

图7 斜井一次扩挖支护工艺流程

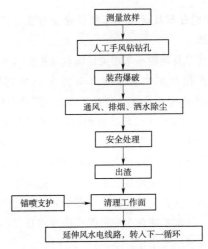

图8 斜井二次扩挖支护工艺流程

3 绞车参数设计

在分析开挖支护、混凝土浇筑、后期灌浆等施工工况后，可知斜井二次扩挖提升系统数量、吨位要求较大，充分考虑全过程施工工况后，我们选择布置两台绞车、两台卷扬机，绞车与卷扬机设计参数如下：

根据施工工况，共布置1号卷扬机（20T JM）、2号卷扬机（20T JM）、3号绞车［JTP（B）-1.6×1.5］、4号绞车［JTP（B）-1.6×1.5］共四台，具体布置见图9。

施工时段分配见表1。

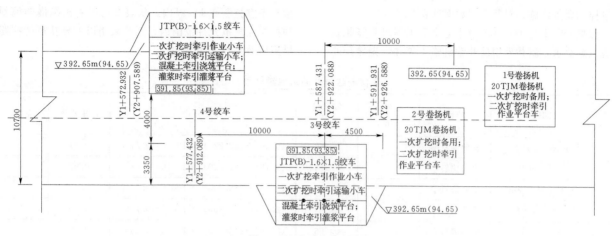

图 9　斜井施工绞车布置图

表 1　　　　斜井施工时段绞车分配表

绞车编号	施工时段				备注
	一次扩挖	二次扩挖支护	混凝土浇筑	灌浆	
1号卷扬机	一次扩挖时备用	二次扩挖时牵引作业平台车			单筒
2号卷扬机	一次扩挖时备用	二次扩挖时牵引作业平台车			单筒
3号绞车	一次扩挖时牵引扩挖小车	二次扩挖时牵引运输小车	混凝土浇筑时牵引运输小车	灌浆时牵引灌浆平台	单筒
4号绞车	一次扩挖时牵引扩挖小车	二次扩挖时牵引运输小车	混凝土浇筑时牵引运输小车	灌浆时牵引灌浆平台	与2号绞车同步使用

综合考虑一次扩挖扩挖小车和二次扩挖运输小车共用 3 号、4 号绞车 2JTP(B)-1.6×1.5（钢丝绳直径为 32mm，6×37S+FC，公称抗拉强度 1870MPa，钢丝绳最小破断力 632kN），二次扩挖时采用 2 台 20TJM 型卷扬机（钢丝绳直径为 48mm，6×37S+FC，公称抗拉强度为 1870MPa，纤维芯钢丝绳单根最小破断拉力为 1530kN）牵引二次扩挖作业平台车。

4　几点体会

4.1　不良地质段处理措施

在不良地质条件下，保证导孔按要求成孔是导井法施工的难点。深圳抽水蓄能电站引水斜井段岩石裂隙多，岩石破碎，轻者造孔速度慢、卡钻、成孔难度大，重则导致孔位精度难以保证，无法按要求贯通。在本工程中，采用了多种方法保证了导孔精确贯通，在正常围岩中，泥浆池中仅需要注入清水，在导孔造孔过程中通过泥浆泵采用高压水冲排孔内积渣便能满足造孔要求，如遇小溶槽、小裂隙等难以保证正常造孔时，则可在泥浆池中加入一定数量的黄泥，采用高压泥浆泵注入泥浆对裂隙封堵后可继续钻进，如遇较大裂隙且有施工用水渗漏通道使孔口无法返水时，则需立即停止造孔，将钻杆取出后，采用灌浆方法填充裂缝后，重新扫孔直至能正常造孔。

4.2　斜井导孔精度控制措施

导孔精度控制是反井钻机导井法施工的关键，深圳抽水蓄能电站引水斜井长 380.276m，倾角为 50°，控制精度非常高，本施工从如下几方面进行精度控制：

（1）测量放样，先在现场采用全站仪进行对开口点进行放样，然后在安装机身时一定要采用水平尺和铅垂球从多角度进行精确测量，再对中心点进行校核，按设计倾角通过测量设备定出导线，然后是机身倾斜后的下部支撑及上部牵拉一定要牢固稳定，最后通过调节螺栓来固定，钻机造孔过程中不断进行孔向测斜。

（2）控制造孔速度，反井钻机导孔钻进速度越快，精度越难以保证，因此在精度要求较高的部位（断层或岩石破碎带），建议慢速推进。

（3）在孔口增加扶正器，并在导孔钻进过程中采用稳定钻杆防止钻杆偏斜，稳定钻杆以每隔 15～20m 长度增加一根为宜。

（4）对于倾斜孔，由于钻机在开孔后钻杆会由于自重原因略向下倾斜，本工程经验为造孔后钻机会向下倾 0.5°～1.0°、在实际施工中可将钻孔倾角上调 0.5°～1.0°。

（5）遇不良地质段，需及时采取灌浆等方式进行处理，防止钻杆遇软岩发生偏斜。

深蓄电站斜井通过以上导孔精度控制措施，过程严格按控制要点实施，斜井实测数据见表2。

　　根据 DL/T 5407—2009《水电水利工程斜井竖井施工规范》要求，斜井采用反井钻机施工导井，先导孔的偏斜率宜控制在1%以内。从表2可以看出纵横向偏斜均控制在规范允许范围内，因此采用以上导孔精度控制措施后效果较为明显的。

表2　　　　　　　　　　　　　　　　　深蓄电站斜井偏斜率统计表

序号	部位	项目	导洞长/m	偏斜量/m	计算公式	偏斜率/%	备注
1	引水隧洞下斜井反井钻先导孔	横向偏斜率	122.220	0.260	(0.260÷122.220)×100%=0.21%	0.21	
		纵向偏斜率		1.184	(1.184÷122.220)×100%=0.97%	0.97	
2	引水隧洞上斜井反井钻先导孔	横向偏斜率	338.806	2.037	(2.037÷338.806)×100%=0.60%	0.60	
		纵向偏斜率		2.364	(2.364÷338.806)×100%=0.70%	0.70	
3	高压电缆洞反井钻先导孔	横向偏斜率	213.038	0.596	(0.596÷213.038)×100%=0.28%	0.28	
		纵向偏斜率		0.661	(0.661÷213.038)×100%=0.31%	0.31	

竖井正井法开挖岩石风化带塌方处理措施

韩　伟／中国水利水电第十四工程局有限公司

【摘　要】 岩石按风化程度分为未风化、微风化、中等风化、强风化、全风化和残积土。岩石风化导致岩体出现不同程度的结构破坏，强、全风化岩石结构松散，强度低、透水性强，且基岩顶部地下水富集，易导致风化围岩遇水软化、膨胀、崩解，开挖前要做好塌方处理预案。同时应采用合适方法对土体进行预加固、止水，有效避免开挖至风化带时出现塌方，确保施工安全。

【关键词】 竖井　正井法开挖　风化带　塌方处理

1　工程概况

某地下水封石洞油库地下结构工程主要由主洞室、竖井、水幕系统、施工巷道及连接巷道等组成。其中 10 个主洞室按北偏东 10°平行设置，每个主洞室中部设置 1 个操作竖井，10 个操作竖井从西向东一字排开，各竖井口的地表高程在 8.0～15.5m，操作竖井最大深度约 95.50m，净空直径均为 5m。为改善通风条件，在主洞室北端设置 5 个直径为 5m 的通风竖井，通风竖井最大高度约 100m。

根据前期地质调查及实际揭露情况，竖井井口范围残积层发育，大都为第四系覆盖。残坡积层厚度一般为 10.00～25.00m，最大厚度 43.90m，最小厚度 2.16m，多为黄褐-红褐色粉质黏土、残积砂质黏性土，可塑-硬塑状态。

覆盖层以下岩体主要为燕山一期片麻状花岗岩，浅灰色-灰白色，中粒片麻、花岗结构，块状构造，主要矿物为斜长石、角闪石、石英、黑云母；部分地段暗色矿物定向排列不明显，属花岗闪长岩，矿物成分与片麻状花岗岩差异不大。岩体强风化带厚度较薄，一般小于 1.50m，中风化带厚度一般为 15.00～30.00m，局部超过 40.00m，底面标高一般为 −20～−45m，局部低于 −60m，岩体裂隙较发育，岩体较破碎；微风化-未风化岩体裂隙稍发育，岩体较完整。

地下水主要为第四系松散层孔隙水，浅层的网状风化裂隙水主要受大气降水及上游基岩裂隙水侧向补给，局部受地形控制。基岩上段中风化层裂隙发育，径流通畅，地下水向地势低洼处流动汇集，在断裂、节理发育地带，径流较通畅，交替速度较快。水量的大小与大气降雨、裂隙发育程度、地形汇水条件等因素有关。地下水位较浅，最大埋深 6.72m，最低水位标高为 4.83m。

2　支护参数及施工程序

2.1　支护参数

井口标高 14.60～11.30m 范围内设置钢筋混凝土圈梁进行锁口，圈梁厚度 1.0m，牛腿处厚 2.0m。混凝土强度等级 C25，配筋采用 HRB400 级、直径 18mm 热轧带肋钢筋，环向间距 0.3m，纵向间距 0.25m。

井口标高 11.3m 以下 V 级围岩段，开挖后初喷 50mm 厚 C25 混凝土，再施工 4.5m 长 φ25 砂浆锚杆、I 18@800 型钢拱圈、φ6.5@150×150 钢筋网及复喷 200mm 厚 C25 混凝土，最后施工 500mm 厚 C25 衬砌钢筋混凝土，配筋采用 HRB400 级、直径 18mm 热轧带肋钢筋，环向间距 0.3m，纵向间距 0.27m。竖井井口段支护参数见图1。

2.2　施工程序

竖井均采用正井法开挖，按照设计要求，开挖前在开挖轮廓线外 0.5m 布置一圈地表预注浆孔，孔径 110mm，环向间距 0.8m，孔深按入岩 1m 控制。注浆孔中下 φ89×5 钢花管，管前端为锥形，管壁压浆孔孔径 15mm，间距 20cm，梅花形布置，尾部 2.5m 长不打孔。钢花管内设钢筋束，钢筋束由 4 根直径 16mm 的

HRB400 级热轧带肋钢筋组成。注浆采用纯水泥浆，水泥采用 P·O 42.5 普通硅酸盐水泥。注浆方式为孔口封

闭孔外循环式，浆液水灰比 0.8：1，注浆压力 0.5～1.0MPa，控制注入量不大于 30L/min。

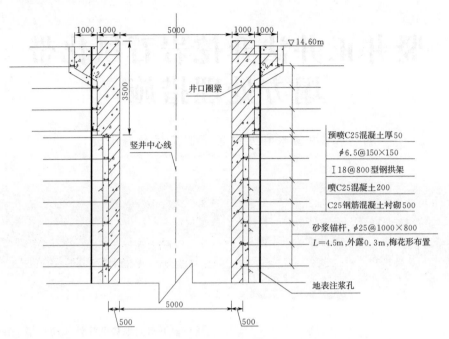

图1　竖井井口段支护图

锁口圈梁完成后，在井口安装Ⅰ型凿井井架，井架底宽 10m，顶宽 5.5m，高约 16m，同时安装井盖等附属设施。井身Ⅴ级围岩采用人工开挖并装土，JTP-1.6×1.2 型矿用绞车提升，自卸车装运。作业方式采用掘砌单行作业，自上而下逐段施工，段高约 1.6m，每循环开挖 0.8m 后进行锚喷临时支护，每 2 个循环进行衬砌混凝土施工。

3　塌方发生情况

2016 年 1 月 14 日，3 号通风竖井开挖标高 -5.20m 至标高 -6.00m 段时出现局部塌方，揭露围岩为全-强风化片麻状花岗，局部渗水量较大，全风化围岩遇水软化呈流态，自井壁塌落涌入井内，标高 -5.20m 以上已衬砌段围岩在底部塌落后亦随之塌落，背后出现空腔，原地表注浆钢管裸露出来，管身无水泥浆固结。

2016 年 8 月 22 日，1 号操作竖井开挖标高 -3.70m 至标高 -4.50m 段时出现局部塌方。与 3 号通风竖井不同的是，露出的地表注浆钢管间存在固结的水泥浆形成支护，使得塌方仅发生在未固结形成整体的薄弱位置，塌方范围较小。

2016 年 9 月 19 日，2 号操作竖井开挖标高 -1.20m 至标高 -2.00m 段时出现局部塌方。情形与 3 号通风竖井及 1 号操作竖井类似，但范围较大，空腔最深处约 2.0m，同时开挖面出现局部软化、隆起

现象。

4　原因分析

4.1　岩石风化带围岩较差

根据地表注浆钻孔情况，3 号通风竖井实际平均钻孔深度 27.3m，即基岩面平均标高应在 -9.90m。继续开挖后确认基岩面标高为 -9.20m，基本相符。塌方出现位置标高 -6.00m，距基岩面 3.0m。1 号操作竖井开挖至标高 -4.50m 时出现涌水塌方，后续开挖确认基岩面标高为 -6.50m，即塌方发生位置距基岩面 2.0m。2 号操作竖井开挖至标高 -2.00m 时出现涌水塌方，后续开挖，确认基岩面标高为 -4.40m，塌方位置距基岩面 2.4m。

各竖井塌方位置均发生在距基岩 2.0～3.0m 范围内，处于风化带。风化带岩层松散，强度低，透水性强。同时基岩相对于风化带透水性显著降低，地下水于基岩顶部富集，在井壁开挖后，已遇水软化的风化岩层即向井内涌入，形成塌方。

4.2　地表预注浆效果不理想

井口段按设计要求施工一环地表注浆孔，对地层形成加固、堵水作用。而在塌方中出见地表注浆钢管裸露在外，表明浆液未有效扩散，形成完整的注浆帷幕，地表注浆未能发挥其设计作用。其原因如下：

（1）注浆前地质检查孔及注浆试验完成质量较差，未能准确反映注浆部位的工程地质及水文地质情况、优化注浆参数。

（2）采用一次全深注浆方式，段高较大时浆液扩散不均匀等[1]。

（3）采用单液水泥浆，初期强度低，胶凝时间不易控制，浆液易沉淀析水，易被水稀释，稳定性差[1]。

4.3　作业人员不够重视

经调查分析，在开挖至塌方段之前，已出现渗水量逐渐增加的情况，而现场未能及时反映，导致不能及时采取预防措施。

5　处理措施

5.1　塌方体处理措施

由于地下水是造成塌方的重要原因，主要排水思路为：利用水平钢管作排水管、在塌方体中预留排水管、衬砌施工时预埋排水管，3号通风竖井具体采取了以下处理措施：

（1）为保证已施工衬砌混凝土稳定，在标高 −5.20m（衬砌混凝土底部标高）塌落严重部位水平打入 φ50 钢管，壁厚3.5mm，长 L=3.0m，管口与型钢拱圈井中心侧翼缘面平齐。钢管兼作排水孔。

（2）为避免塌落体继续向井内涌入引发进一步塌落，清除标高 −6.00m 系统支护范围内塌落体后，喷 C25 混凝土进行封闭。为提高喷锚质量，对塌落部分底部设模板进行支挡，从模板顶部喷护。模板采用木模板，背后用插筋、钢管等进行支撑。立模同时清除拟喷护位置模板后的淤泥。并根据涌水情况埋设排水管，对塌落体背后涌水进行引排。

（3）根据塌落范围和渗水情况，局部施工竖向小导管[2]。小导管采用 φ50 无缝钢管，壁厚3.5mm，长 L=3.5m，前端加工为锥形以便装入，管壁钻直径8mm压浆孔，间距300mm，梅花形布置，尾部1m长不打孔以免漏浆。小导管环向间距30cm，外斜角5°，随打随装。浆液为单液水泥浆，P·O 42.5 普通硅酸盐水泥，水灰比 0.8:1～1:1，速凝剂掺量2%，注浆压力 0.5～1.0MPa。

5.2　不良地质段加强支护措施

通过引排水、喷混凝土封闭及竖向小导管支护有效抑止了塌方扩大，井壁基本稳定。随后立即施工本循环系统支护，系统支护完成后恢复开挖。为保证施工安全，开挖循环进尺由 0.8m 缩短为 0.6m，同时采取以下加强措施：

（1）支护完成后及时施工衬砌混凝土，衬砌强度

达要求后从排水孔进行回填灌浆[3]。衬砌施工时在渗水塌落部位按间距 2.0m×2.0m 埋设 2.0m 长 φ50PVC 花管排水，露出混凝土面 10cm，外包土工布。回填灌浆自排水孔洗孔后进行，灌浆压力 0.2～0.3MPa。

（2）加密钢拱架[4]。标高 −6.00m 以下支护参数中，型钢拱圈及砂浆锚杆排距加密为 0.6m，其他按原设计进行。同时每循环开挖进尺也按 0.6m 进行控制，开挖1循环支护1循环。

（3）标高 −6.00m 以下开挖后初喷时为保证初喷质量，先挂 φ6.5@150×150 钢筋网。

1号、2号操作竖井处理措施类似，引排井壁涌水，喷混凝土封闭后施工竖向小导管，衬砌施工时预埋排水孔，后期进行回填灌浆。

6　结论及建议

一般竖井轴线均自地表贯穿至基岩，岩石风化带位于表土覆盖层与基岩的交界处，地下水于基岩顶部富集，风化带多位于地下水位线以下，风化岩石遇水软化，开挖后极易发生塌方。作为可预见的竖井塌方段应注重预防，施工前应对注浆止水措施进行试验，对比选用。同时应做好应急预案，施工时及时响应，保证施工安全。建议如下：

（1）采用合理的地表预注浆参数、提高地表预注浆施工质量。根据施工情况，1号操作竖井水泥浆固结形成的帷幕较3号通风竖井完整，故塌方范围较小，对施工影响较小。

因此地表预注浆施工前做好地质勘探，得到准确的水文地质数据，为地表注浆参数提供可靠依据。注浆作业前做好压水试验，检查止浆效果的同时冲洗孔内充填物，提高浆液渗透能力，保证浆液充填的密实性和胶结强度。注浆方式应通过实际对比选用。注浆材料可先采用水泥-水玻璃双液注浆，待吸浆率下降后改用单液水泥浆。注浆作业过程应精心组织、合理操作，发生异常情况及时分析处理。

（2）当地表注浆不能取得预期效果时，考虑开挖至风化带3m之前时从工作面施工注浆小导管，对风化带进行注浆止水及预加固[5]。

（3）施工过程中加强监测管理，及时掌握地下水位。出现渗水增加及围岩变差时能及时启动预案。

（4）塌方发生后先考虑排水措施。主要采用钻孔、埋管等方法对涌水进行集中引排，然后对塌方体进行封闭，避免进一步扩大。衬砌施工时预埋排水管，衬砌结束时进行后注浆。若涌水量较大影响衬砌施工时，可采用双层模板，利用外模迫使涌水经导管流出，再进行衬砌施工。

参 考 文 献

[1] 姜玉松，方江华．地下工程施工技术［M］．武汉：武汉理工大学出版社，2008．

[2] 中国水利水电第十四工程局有限公司．DL/T 5099—2011 水工建筑物地下工程开挖施工技术规范［S］．北京：中国电力出版社，2011．

[3] 王克．青山嘴水库泄洪隧洞竖井施工中塌方处理初探［J］．四川水力发电，2008，27（2）：90－91．

[4] 刘桃红．溧阳抽水蓄能电站引水竖井塌方体灌浆处理技术研究［J］．中国新技术新产品，2014（13）：91－91．

[5] 马二康，鲁德刚，祖玉喜．凤凰山铁矿立井井筒工作面预注浆堵水技术的研究与应用［J］．建井技术，2015（s2）．

浅谈支护桩挡土板在边坡防护中的应用

黄炳营　蒲志雄/中国水利水电第十四工程局有限公司

【摘　要】 本文结合江门市南山路新建道路工程应用实例，介绍了钻孔灌注桩与支护桩挡土板通过锚索结合进行隧道口边坡防护，可供类似工程借鉴。

【关键词】 钻孔灌注桩　挡土板　边坡防护

1 引言

为了减少边坡放坡开挖土地占用面积，降低对自然植被的破坏，在市政道路建设中往往采取少开挖，尽量防护的方式处理边坡。支护桩挡土板是一种钻孔灌注桩与挡土板通过锚索结合的施工方法，能有效防控桩体基坑开挖时的坑壁坍塌、地下水位高引起的涌水等安全风险，防护边坡美观，技术成熟，适用性强。

2 工程概况

江门市南山路新建道路工程 K0＋780 隧道进口南侧，地下水位较高，地质条件差，需采用钻孔灌注桩进行永久支挡，桩前采用 20cm 厚 C30 挡土板护面。K0＋670～K0＋690 支护桩桩径 1.6m，间距 1.8m，顶部设 1.6m×1.2m 的 C30 钢筋混凝土冠梁；K0＋650～K0＋670 支护桩桩径 1.2m，间距 1.4m，顶部设 1.2m×1.0m 的 C30 钢筋混凝土冠梁；中间设两道 C30 钢筋混凝土腰梁，见图1、图2。

3 施工工序

支护桩挡土板采用逆作法施工，即挡土板由上往下逐级施工，施工工序如下：

（1）施工边坡上方的山坡截水沟。

（2）从现状地面施工支护桩（钻孔灌注桩）。

（3）开挖基槽、凿除支护桩桩头，现浇支护桩冠梁。

（4）待冠梁达到设计强度后，施做第一道锚索（锚孔定位，钻孔，清孔，锚索安装注浆）。

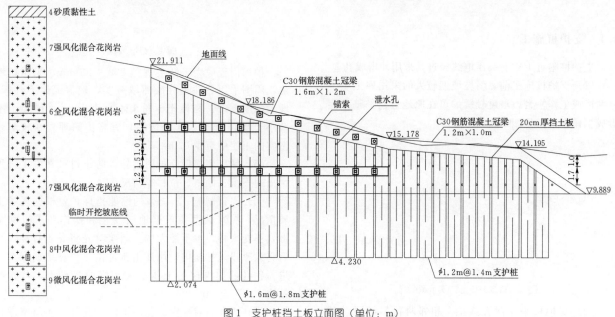

图1　支护桩挡土板立面图（单位：m）

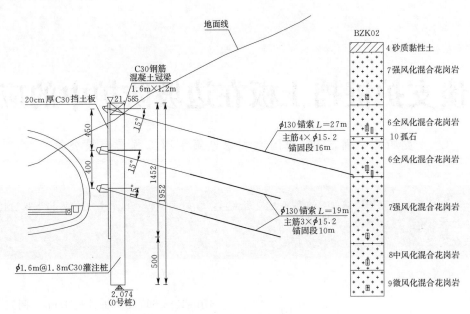

图 2　支护桩挡土板横断面图（单位：cm）

（5）待第一道锚索达到设计强度后，开挖至第二道锚索处，施工钢筋混凝土腰梁并施做第二道锚索；钢筋混凝土腰梁施工完成后可进行第一道锚索至第二道锚索间的挡土板施工。

（6）待第二道锚索达到设计强度后，开挖至第三道锚索处，施工钢筋混凝土腰梁并施做第三道锚索。

（7）待第三道锚索达到设计强度后，开挖至挡土板设计底高程，进行挡土板施工（绑扎钢筋、支立模板，最后浇筑 C30 混凝土）。

（8）待挡土板达到设计强度后桩后回填 C25 早强混凝土使无空隙。

4　施工技术

4.1　支护桩施工

支护桩附近上空有高压电线经过，采用冲击成孔。

（1）支护桩施工前，斜坡坡度较大的采用砂土填平夯实形成工作平台，坡度较缓的可在原地适当平整夯实形成工作平台，见图 3。

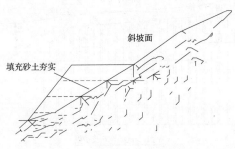

图 3　斜坡面填土夯实示意图

（2）支护桩采用跳孔施工，相邻两孔不得同时开

钻，后开孔桩待在前一根桩强度达到设计强度后再施工。

（3）场地准备。地下管线调查，修筑施工便道、施工平台，接通水、电，挖好泥浆池并防护。

（4）护筒埋设[1]。放出桩位的中心点，并做好四个护桩（护桩采用 φ16 的螺纹钢，打入硬土层 30cm，并高出护筒顶 20cm，钢筋周围用混凝土浇筑并做上醒目的标记，确保护桩的牢固可靠且不影响施工），见图 4。

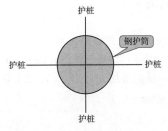

图 4　桩位放样

护筒内径应大于钻头直径 200~400mm，采用挖埋法，周围采用黏性土分层回填夯实，确保泥浆不外露。埋置深度要求：黏性土、粉土不宜小于 1m，砂类土不宜小于 2m，当表层土松软时，宜将护筒埋置在较坚硬密实的土层中至少 0.5m。

（5）钻机底部做好加固措施，防止机械在施工过程中出现下沉、倾斜、位移等情况。

（6）泥浆制配[2]。泥浆的性能指标，要根据现场土质情况，泥浆稠度要根据地层变化和操作要求机动掌握，不能太稀，也不能太稠。制浆时先将黏土打碎，然后将黏土投入护筒内，用冲击锥冲击，当黏土成泥浆后进行钻孔。如果现场土质是比较好的黏性土，可直接钻进。

（7）成孔后对孔深、孔底沉渣、孔径、倾斜率进行检测。

（8）清孔。清孔采用换浆法清孔，清孔要及时、快速，直至孔内泥浆指标满足要求。

（9）钢筋笼。采用吊车对钢筋笼进行吊装。先吊装底笼，吊车吊钩下设置扁担梁，扁担梁的两个吊环分别拴系在同一加强筋直径相对的与主筋焊接的交叉点上，缓慢起吊保证钢筋笼不变形，将钢筋笼放入孔中。

（10）水下混凝土灌注。灌注前进行二次清孔，采用泥浆三件套测试仪（泥浆含沙量、泥浆黏度计、泥浆比重计）进行泥浆指标检验。

采用直升导管法进行水下混凝土的灌注。先灌入的首批混凝土数量经过计算，保证有一定的冲击能量把底部泥浆冲开，并保持导管下口埋入混凝土的深度不少于 2m，必要时采用储料斗。首封混凝土[3]计算示意见图 5。

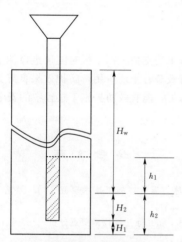

图 5　首封混凝土计算示意图

首批灌注混凝土的数量应能满足导管首次埋置深度（不小于 1.0m）和填充导管底部的需要，所需混凝土数量可参照式（1）计算。

$$V = \pi D^2 (H_1 + H_2)/4 + \pi d^2 h_1/4 \qquad (1)$$

式中　V——灌注首批混凝土所需数量，m^3；

　　　D——桩孔直径，m；

　　　H_1——桩孔底至导管底端间距，m，一般为 0.4m；

　　　H_2——导管初次埋置深度，m；

　　　d——导管内径，m；

　　　h_1——桩孔内混凝土达到埋置深度 H_2 时，导管内混凝土柱平衡导管外压力所需的高度，m。

$$h_1 = H_w \gamma_w / \gamma_c \qquad (2)$$

式中　H_w——桩孔内水或泥浆的深度，m；

　　　γ_w——桩孔内水或泥浆的重度，kN/m^3；

　　　γ_c——混凝土的重度，取 24kN/m^3。

灌注应紧凑、连续地进行，严禁中途停工。在整个灌注过程中，导管埋入混凝土的深度不少于 2.0m，一般控制在 4m 以内。

4.2　挡土板施工

（1）冠梁施工。由于冠梁基槽支护桩较为密集，基槽采用人工开挖。开挖完成后采用风镐凿除支护桩桩顶混凝土的浮浆。

钢筋绑扎符合设计及规范要求，模板支立保护层厚度应满足设计要求。

锚具工作台与冠梁同时浇筑成整体，不采用预制件，外锚板应连同 OVM 锚垫板、孔口定位铁管和钢垫板、排气铁管灌注在一起。承压面与锚孔轴线应保持垂直，垫板孔道中心线与锚孔轴线应重合。

（2）腰梁施工。待冠梁锚固后，从上挖下分层开挖至第二道锚索处，开挖采用人工配合机械开挖，支护桩周边 20cm 范围内采用挖掘机开挖，20cm 范围内采用人工开挖。开挖自上而下分层开挖，见图 6。

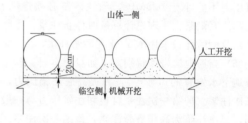

图 6　开挖示意图

腰梁基槽开挖完成后，采用电钻钻孔，植入腰梁与支护桩的连接钢筋，见图 7。植入筋采用改性环氧树脂作为固定胶黏剂。

（3）挡土板施工。挡土板植筋是挡土板与排桩连接采用的钻孔植筋，用重型电锤在支护桩上钻孔，再用压缩空气吹出灰尘。

挡土板钢筋钢筋绑扎符合设计及规范要求，模板支立保护层厚度应满足设计要求。

模板采用加工木模或定型钢模，模板在安装过程中必须设置防倾覆设施。

泄水孔预埋：挡土板应设置泄水孔，采用 ϕ100 PVC 排水管，开 10mm 孔，孔率 25%，外包 2 层滤网，泄水孔倾斜率 5%。

待挡土板达到设计强度后，由下往上回填 C25 早强混凝土，混凝土宜采用细石 1～2 级配，泵送或自卸入仓，确保施工质量。由于回填空间较小，混凝土坍落高度可适当增大。

4.3　锚索施工[4]

锚索施工工艺流程为：钻孔→锚索编束、穿插→锚固段孔内注浆→张拉锁定→张拉段补浆及封锚。

锚索施工注意事项：

（1）钻孔前应对锚固桩面进行保护，防止钻孔注浆时污染桩面。

（2）钻孔过程中应记好钻入孔内的钻杆节数，以便核准钻孔深度。

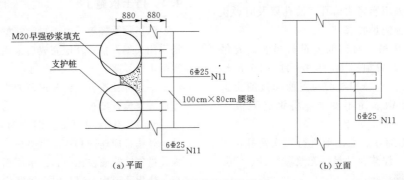

图 7　腰梁与支护桩连接示意图（单位：mm）

（3）钢绞线下料长度为锚索设计长度、锚头高度（增加 1.5m）、千斤顶长度、工具锚和工作锚的厚度以及张拉操作余量的总和。钢绞线应采用砂轮机切割。

（4）锚孔注浆采用孔底返浆法把浆液送入孔底，其注浆压力不宜小于 0.6MPa，灌注砂浆必须饱满密实。当实际注浆量略大于理论计算量时停止注浆。注浆完毕待砂浆收缩后孔口采用 M30 水泥砂浆补浆。

（5）当遇地层岩性特别差（如炭质页岩、断层破碎带或地下水发育的边坡等），为提高底层锚固力，宜采用二次注浆。即第一次注浆材料和注浆压力与一般地层相同，二次注浆为高压劈裂注浆，待第一次注浆 4h 后，即采用 M30 纯水泥浆沿预先安设好的 φ22 注浆管对锚固段进行劈裂注浆，注浆压力不宜小于 2.0MPa，并保证在 6h 内注完，二次注浆量尽量保证不小于一次注浆量的 1/3。

（6）锚索张拉分五级进行，即按设计张拉力的 25%、50%、75%、100% 及 110% 级施加预应力。为了克服因锚索滑移、钢绞线松弛、土体蠕变、锚固桩变形及因温度变化而引起的预应力损失，以及为保证每一根桩上的多排锚索均匀受力，当同一根桩上的最后一排锚索张拉 6～10d 后，再用较大吨位千斤顶对各排锚索进行一次整体补张拉。

（7）补浆封口后应用砂轮切割机从锚具外 3～5cm 处切断钢绞线，在钢垫板及锚具外覆盖 C30 混凝土封锚。

5　结语

本工程采用支护桩挡土板对隧道进口侧山体边坡进行防护，有效节省土地占用，防护效果良好且美观，采用逆作法施工，能有效防控施工过程中的安全风险。

参 考 文 献

[1] 吴庆林．灌注桩施工技术研究 [J]．黑龙江科技信息，2012（26）：284.

[2] 黄小林．钻孔灌注桩技术要点分析 [J]．城市建筑，2012（17）：220.

[3] 吕秀杰．浅谈钻孔灌注桩施工中的质量控制 [J]．嘉兴学院学报，2002（3）：32-33.

[4] 乔钢，石文仙．京珠高速公路粤境南段 14、15 标段高边坡预应力锚索施工 [J]．公路交通技术，2002（2）：73-74.

缓倾角长斜井开挖施工技术研究与应用

马军峰　许远志　欧阳秘/中国水利水电第十四工程局有限公司

【摘　要】 深圳抽水蓄能电站高压电缆洞开挖断面（4.0m×4.3m）、斜井长度333.126m、倾角36.833°，利用反井钻机进行施工，开挖支护程序复杂，导孔钻孔孔向偏差的控制难度大。本文主要根据深圳抽水蓄能电站高压电缆洞的实际施工情况、实践经验，阐述斜井开挖支护施工，如何利用反井钻自身特性以及针对不同岩石及不同地质条件下通过综合控制进行缓倾角长距离斜井导孔钻进的经验措施，为以后利用反井钻机导孔施超大缓倾角、长斜井控制钻进孔向的偏差提供借鉴和参考。

【关键词】 斜井　缓倾角　长距离　反井法施工

1　工程概述

深圳抽水蓄能电站高压电缆洞采用斜井式布置，从主变洞下游侧中部引出通往地面开关站。高压电缆洞由下平段、斜井直线段和上平段组成。斜井直线段倾角为36.833°，长333.126m。高压电缆洞总长度382.457m。

高压电缆洞下平段与主变洞高压试验场相接，结构底板高程为15.75m，上平段与开关站电缆夹层衔接，结构底板高程为220.50m，上、下高差为204.75m。高压电缆洞标准断面为城门洞型，开挖断面宽4.0m、高4.3m，其布置图见图1。

高压电缆洞断面为城门洞型，开挖支护成型标准断面尺寸为4.0m×4.3m。根据围岩类别不同，高压电缆洞下平段G0+000.000～G0+008.000，长度为8.0m，开挖断面尺寸为10.3m×11.65m，顶拱圆弧半径为5214mm；上平段G0+358.697～G0+382.457，长度为23.76m。

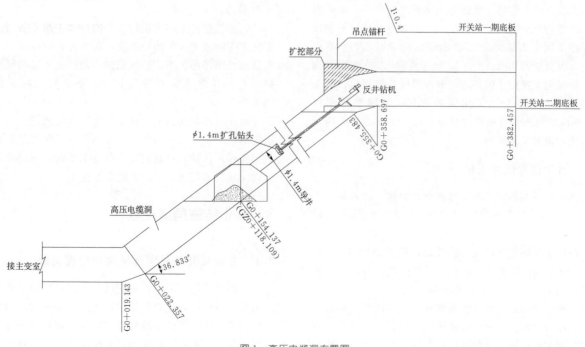

图1　高压电缆洞布置图

2 施工程序及方法

高压电缆洞轴线与水平面成夹角 $\alpha=36.883°$，即 $6°<\alpha<75°$，按 DL/T 5099—2011《水工建筑物地下工程开挖施工技术规范》6.1.3 第 2 款定为缓斜井（$6°<\alpha\leqslant48°$），施工采用常规的斜井开挖方法，即按先导孔正向钻进贯通→反井钻反拉完成→自下而上一次扩挖贯通→自上而下二次扩挖成型的顺序来施工，开挖过程中支护及时跟进。

2.1 上平段开挖支护

根据设计图纸和现场开关站边坡揭露地质条件，进洞段为Ⅲ类围岩，按标准断面 4（城门洞型宽 4.26m×高 4.43m）开挖，顶拱圆弧半径为 2.355m；为了满足反井钻施工空间要求，上平洞部分洞段需进行技术性扩挖，洞口段技术扩挖详见图 2。

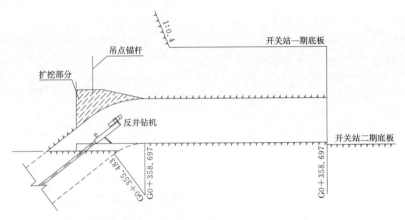

图 2　上平洞洞口段技术扩挖图

为确保进洞安全，进洞前先按设计图纸进行超前支护，边开挖边进行钢拱架、喷混凝土、挂钢筋网等系统支护，上平段及弯段 G0+355.483～G0+382.457 掘进过程中加强围岩变形观测，以便决定是否采取其他必要的支护手段，开挖后应根据围岩情况及时进行系统支护，以保证施工安全。

混凝土喷射时将工字钢与工字钢之间填平，喷后混凝土线即为衬砌混凝土外边线，工字钢架设部位隧洞顶拱开挖半径为 2.355m；工字钢架设时每榀工字钢下部施作 4 根直径为 20mm、长 2.5m、外露 0.3m 的锁脚锚杆；每榀钢支撑按片组装，用钢板焊接连接脚板，与工字钢端部焊接后，组装用螺栓连接；套筒沿环向以 1000mm 的间距均匀布置，相邻两榀钢支撑之间采用钢筋连接并控制安装间距。

2.2 洞身段开挖及支护

高压电缆洞斜井段施工分两个相对独立作业面：上段为 G0+154.137～G0+355.483，长 201.346m；下段为 G0+022.357～G0+154.137，长 131.780m。

高压电缆洞上弯段安装反井钻机施工 G0+154.137～G0+355.483 段导井，斜井上段导井贯通后，反井钻机移至施工支洞与高压电缆洞相交处（G0+154.137）进行下段导井施工。高压电缆洞斜井上下段导井均贯通后，上段分两次扩挖至设计轮廓，上段扩挖完成后，下段再分两次扩挖至设计轮廓，扩挖施工详见图 3、图 4。施工人员、机具、材料从上平段通过 10t 绞车牵引 6.0m

吊笼进入工作面。

为了保证两次扩挖顺利溜渣，按照 DL/T 5407—2009《水电水利工程斜井竖井施工规范》相关要求和断面尺寸，一次扩挖自下而上先开挖上半部分洞室，断面净空为 4.0m×2.225m 的城门洞型，预留导井下部光滑圆弧槽作为溜渣通道，以便于一次、二次扩挖时溜渣。

二次扩挖自上而下进行，利用一次扩挖的溜渣通道在施工支洞或主变洞集渣出渣，断面为 4.0m×2.075m，人员通过钢楼梯上下；扩挖期间，做好上井口的安全防护工作，并派专人留守监护上、下井口，防止掉物伤人。

高压电缆洞属高危工作面，支护及时跟进，在二次扩挖时，支护施工及时跟进，并随着掌子面推进顺延安装钢爬梯，保证人员材料安全到达工作面；不良地质段处理完成后才能进行下一步的开挖施工。

3 导孔钻进角度控制

3.1 考量反井钻机实际钻机的角度调整

在斜井导孔施工中，根据以往斜井施工中反井钻杆因角度过缓引起长受重力作用钻杆弯曲和钻杆韧性的增加导致钻进导孔一般低于设计开挖轴线从而超出设计开挖边线的经验，在实际操作中，根据开挖洞室斜井为城门洞型，开挖断面宽 4.0m，高 4.3m。顶拱弧度为 127.72°，

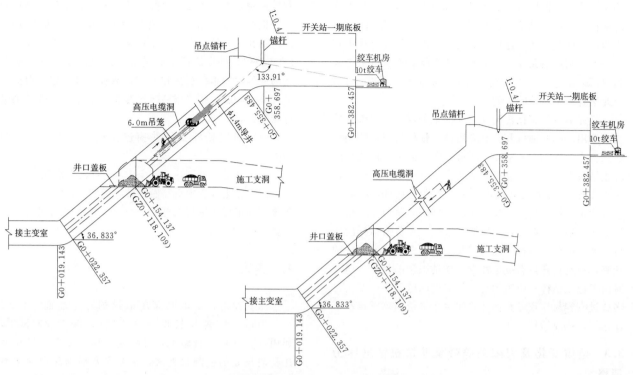

图 3　斜井上段一次、二次扩挖示意图

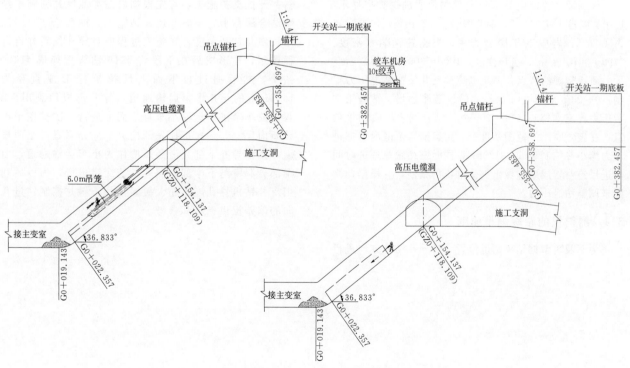

图 4　斜井下段一次、二次扩挖示意图

半径为 2.225m。在设计 36.833°斜井角度的基础上，将反井钻钻进角度设置为 36.333°，角度调整值为 0.5°，根据调整后理论钻杆延长线贯通点与设计角度开挖线贯通点约 1.99m 的上下位移差。根据设计开孔位置与设计正顶拱开挖边线距离为 2.225m，1.99m 偏差贯通点不

会超出设计开挖边线。理论上为可行。

3.2　稳定钻杆安装方法

为了防止导孔钻进一定深度后，受重力和钻进力影响使钻杆施加给钻头的作用力发生改变进而使孔向发生

偏移，施工中根据斜井长度及岩质硬度配置5～8根稳定钻杆（直径与钻头一致的钻杆）强行控制钻进方向；将稳定钻杆配置在靠近钻头的前端，由于钻杆与钻头直径一致，利用钻孔孔壁的束缚将钻杆前端的15m范围强制摆正，使这15m范围内钻杆轴线方向与原孔向一致，以此达到纠正偏差的目的。

反井钻机稳定钻杆同样在开挖本条斜井当中得到恰当的运用。反井钻机开孔时应用稳定钻杆与短接杆相连达到首进钻杆1.5m进尺，以此来稳定钻头斜角破孔时防止钻头上飘，进尺完成后继续安装一根稳定钻杆（钻进1.22m），待进尺完成，安装一根普通钻杆，后继续进行稳定钻杆安装，进尺完成后连续安装两根普通钻杆后加入一根稳定钻杆，而后继续安装三根普通钻杆后紧接安装一根稳定钻杆。此种安装办法为考虑稳定钻杆的利弊，稳定钻杆具有抗弯性强，摆动限制的特性，但同时由于稳定钻杆在施工中与导孔岩壁间隙过小，安装过多或过密容易导致泥浆循环时泥浆中夹带的碎石颗粒卡住钻杆，造成钻杆卡死。

3.3 地质变化及裂隙破碎带反井钻机钻进压力调整

深圳抽水蓄能电站高压电缆洞地质勘探数据显示，Ⅰ～Ⅱ类围岩占73.58%，Ⅲ类围岩占22.16%，Ⅳ类围岩占4.26%，岩质以花岗岩为主，根据花岗岩（密度：2790～3070kg/m³、抗压强度：1000～3000kg/m²）密度大、质地坚硬的特点，高压电缆洞反井钻的钻进压力控制：0～20m范围内由50～140kN逐步递增，钻进正常后压力普遍维持在150～200kN，结合围岩地质预报信息，在破碎断层带范围及Ⅲ类、Ⅳ类围岩范围内将掘进压力缩小并控制在50～120kN，同时密切跟踪掘进时间与进尺差对岩层质地做出更为准确的判断，并根据此判断来调整钻进压力。

3.4 测斜仪的跟踪测量原则

为了及时掌握钻头钻进位置，对导孔钻进方向进行

有效控制，需利用测量手段对钻进方向和钻头位进行测量，根据测量数据分析钻孔偏移情况，采取纠偏措施，保证钻孔偏差控制在允许范围之内。本工程采用Flex-IT测斜仪，操作简便，测量精度满足施工要求。对钻孔的测量次数根据孔深和围岩、钻机型号确定，根据本工程施工经验：建议当钻进深度在如下几个关键点来进行测量：

（1）稳定钻杆安装并掘进完成后（本工程约为20m）。

（2）钻进进尺每达到50～100m时进行常规测量。

（3）钻进过程中贯穿断层破碎带约5m后进行测量，若该破碎带处于进尺每达到50～100m范围内时可不再需要进行常规测量。

4 结语

深圳抽水蓄能电站高压电缆洞开挖断面（4.0m×4.3m）、长斜井长度333.126m、倾角36.833°，利用反井钻机进行施工，开挖支护程序复杂，导孔钻孔孔向偏差的控制难度大，本文主要根据深圳抽水蓄能电站高压电缆洞的实际施工情况、实践经验，阐述斜井开挖支护施工，首先根据以往类似反井钻施工经验结合深蓄上、下斜井反井钻施工，推算总结出缓倾角长斜井钻孔角度，在施工过程中对导孔偏斜井行过程控制，孔形成后在下段φ216钻头更换成φ1400钻头，然后通过自下而上反拉扩挖形成直径为1400mm的导井作为运输通道，导井形成后利用10t双筒绞车牵扯引运输小车自下而上进行一次扩挖至设计断面尺寸，一次扩挖先开挖上半部分洞室一至两排炮，预留导井下部光滑圆弧槽作为小车运输通道，上半部分洞室与下半部分洞室扩挖交错进行，为以后利用反井钻机导孔施工超大缓倾角、长斜井控制钻进孔向的偏差提供借鉴和参考。

地下水封洞库预注浆止水施工应用

吴　波／中国水利水电第十四工程局有限公司

【摘　要】　地下水封洞库一般为大型地下洞室群，施工期间分层开挖，不同的分层采取不同的预注浆方式，提高了注浆效果质量，保证了地下水位的稳定，有效的加快施工进度，减小预注浆止水施工与开挖施工的干扰，达到预注浆止水目的，降低施工成本。

【关键词】　地下水封洞库　预注浆　止水施工

1　前言

该地下水封洞库项目共由 10 条地下主洞室组成，

10 条主洞室平行布置，每 2 条洞室为 1 组洞罐，通过 7 条连接巷道连通，每组洞罐容积约 100 万 m³。主洞室为直边墙圆拱洞，跨度为 20.0m，高度 30.0m，长 930.0m，见图 1、图 2。

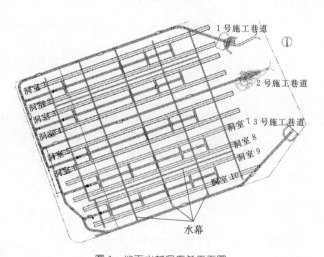

图 1　地下水封洞库总平面图

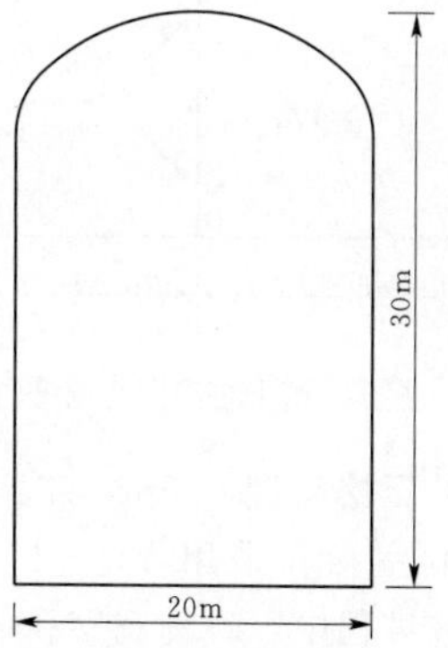

图 2　洞室断面图

洞室开挖共分四层，第 Ⅰ 层层高 9.0m，第 Ⅱ 层层高 7.0m，第 Ⅲ 层层高 7.0m，第 Ⅳ 层层高 7.0m。洞室第 Ⅰ 层开挖高度 9.0m，分左右幅开挖，左幅开挖宽度 8.0m，右幅开挖宽度 12.0m，左幅开挖超前右幅不小于 50.0m，见图 3、图 4。

第 Ⅰ 层左幅开挖作为超前地勘，判断围岩地质结构、地下裂隙渗水情况，为后续右幅开挖提供地质、水文资料。在 Ⅰ 层开挖完成后，洞室围岩地质结构及渗水部位等可以准确判断，为洞室第 Ⅱ～第 Ⅳ 层预注浆止水提供依据。

2　预注浆特点

地下水封洞库预注浆目的是减少开挖掌子面渗水

量，满足开挖施工条件，同时减小洞室开挖后，洞室围岩渗水过大，地下水过快流失导致地下水位下降过快[1]。预注浆是在掌子面开挖前，以预留岩柱为止浆墙[2]，对孔内裂隙进行灌浆堵塞止水，预留岩柱止浆墙厚度不小于3.5m。

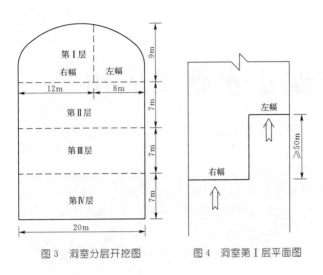

图3 洞室分层开挖图　　图4 洞室第Ⅰ层平面图

3 超前探孔施工

根据地下水封洞库的技术要求，地下水封洞库在开挖前，为准确判断地质围岩情况，需要在掌子面做超前地质预报和超前探孔，超前探孔孔深20.0m，孔径为70mm，与洞室边线平行，见图5。

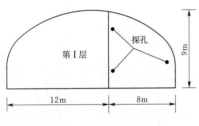

图5 第Ⅰ层探孔布置图

洞室第Ⅰ层开挖高度9.0m，左幅超前掌子面进行探孔施工，洞室探孔采用YQ-100B型潜孔钻钻孔，探孔在钻进过程中，时刻观察孔内排出的岩粉和回水情况并填写钻孔记录表，以便准确判断前方开挖围岩情况和孔内渗水点的位置，在探孔钻孔结束后，对于渗水孔，在孔口预埋1根长20cm、直径为60mm的PVC管，PVC管周边用石膏封堵，使用2000mL的量筒量测探孔渗水量。探孔渗水量 $Q <$ 2L/min时，掌子面正常开挖作业；探孔渗水量 2L/min$\leqslant Q \leqslant$10L/min时，对探孔进行灌浆止水后正常开挖作业；探孔渗水量 $Q \geqslant$10L/min时，对掌子面周边进行预注浆和探孔注浆止水。

4 预注浆施工

4.1 预注浆钻孔

洞室第Ⅰ层预注浆钻孔采用 YQ-100B 型潜孔钻，钻孔孔深20.0m，孔径为70mm，孔间距2.5m，沿开挖设计边线水平向外倾角10°成扇形。钻孔采用环间分序，间隔钻孔施工，在钻进过程中填写钻孔记录表并观察探孔渗出水变化情况，见图6、图7。

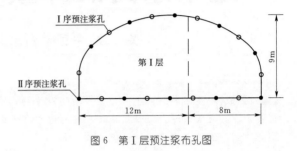

图6 第Ⅰ层预注浆布孔图

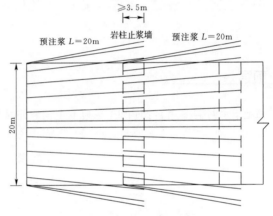

图7 第Ⅰ层预注浆平面图

洞室第Ⅱ～第Ⅳ层预注浆钻孔采用阿特拉斯 D7 钻机，孔间距2.5m，沿边墙向下外倾角10°，钻孔孔径为70mm，第Ⅱ层和第Ⅲ层孔深9.0m，第Ⅳ层孔深12.0m。钻孔采用间隔分序施工，第Ⅱ～第Ⅳ层预注浆布孔见图8、图9。

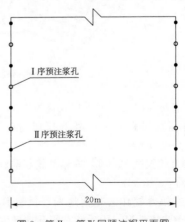

图8 第Ⅱ～第Ⅳ层预注浆平面图

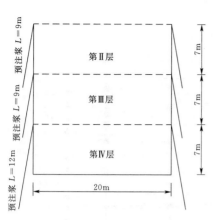

图9 第Ⅱ～第Ⅳ层预注浆立面图

4.2 预注浆参数

预注浆孔内不分段，采用孔外循环，孔内纯压式[3]，一次注浆完成，注浆压力5.0MPa，为提高注浆效果和加快凝结时间，注浆材料采用 P·O42.5R 和 R.SAC42.5 两种水泥[4]，两种水泥汇合比为3∶1，水泥浆液浓度2∶1、1∶1、0.5∶1三个比级进行注浆，开注水灰比为2∶1，由稀浆到浓浆逐级改变并遵循如下

浆液变换原则：①当注浆压力保持不变，注入率持续减少时，或注入率不变压力持续升高时，不得改变水灰比；②当注入率大于30L/min时，可适当越级变浓；③当某一级水灰比浆液的注入量已达到300L以上，或注入时间已达30min，而注浆压力和注入率均无显著改变时，改浓一级水灰比注浆。在规定的注浆压力下当注入率不大于1.0L/min时，继续灌注20min，单孔注浆可结束。

注浆分Ⅱ序间隔施工，在注浆过程中观察探孔渗出水变化情况。在周边预注浆孔注浆完成后，最后注浆探孔。在预注浆完成并凝固不小于6h后开挖作业。

4.3 预注浆效果

洞室超标渗水部位在预注浆完成后，预注浆减水率在60%～80%，有渗水的爆破孔渗水量一般小于0.4L/min，掌子面渗水满足开挖条件，爆破开挖后围岩面细微裂隙渗水采取后注浆方式止水。

该地下水封洞库在2014年6月1日主洞室Ⅰ层开挖前及2014年12月1日主洞室Ⅰ层开挖完成后，洞室周围水质水位孔观测地下水位见表1。

表1 地下水位观测表 单位：m

序号	孔号	日期						
		2014-06-01	2014-07-01	2014-08-01	2014-09-01	2014-10-01	2014-11-01	2014-12-01
1	ZK17	81.94	78.43	78.63	77.82	77.17	74.49	73.18
2	ZK20	142.24	140.19	138.96	138.28	137.87	135.5	134.38
3	ZK22	70.44	69.82	68.80	68.18	67.58	64.98	63.79
4	ZK24	155.90	161.57	163.68	163.65	163.17	160.88	159.65
5	ZK25	85.31	78.13	77.09	76.61	75.80	73.19	71.95
6	ZK35	14.70	20.43	18.88	16.46	15.45	14.53	14.46
7	ZK36		15.33	16.89	16.11	15.12	14.07	13.49
8	ZK41	123.21	126.51	125.77	125.54	125.56	125.06	125.10
9	SK2	93.78	93.53	92.34	91.92	88.37	91.51	90.26
10	SK4	150.51	150.10	149.41	148.46	149.53	149.01	148.24
11	SK5	155.58	155.54	154.72	153.84	153.25	152.66	152.22
12	SK6	112.47	109.79	108.30	108.02	107.45	107.00	106.75
13	SK7	115.77	110.83	114.41	116.08	116.05	115.87	116.12
14	SK9	131.12	133.32	131.80	131.29	128.94	124.25	121.46

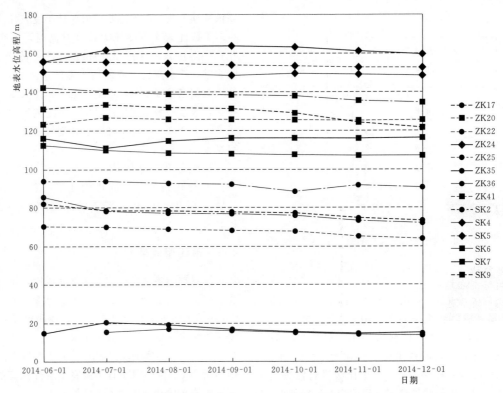

图 10　地表水位观测趋势累计曲线图

从水位水质孔观测地下水位趋势累计曲线图可知：地下水位在洞室开挖后总体呈微下降趋势，地下水位低，在地下洞室开挖中水位下降速率快，地下水位高，在地下洞室开挖中水位下降速率慢。在大气降雨补给和地下洞室开挖前预注浆条件下，在洞室Ⅰ层开挖过程及开挖完成后，地下水位变化受洞室开挖影响小，预注浆阻止地下水位过快下降效果明显。

5　施工注意事项

（1）在钻孔过程中遇涌水过大或岩石破碎卡钻，应停止钻进，该孔钻孔结束。

（2）灌浆管路采用钢丝编制胶管，胶管接头采用丝扣连接，防止高压灌浆压力下，管路爆裂。

（3）现场水泥储存不超过 1d 水泥用量，以免水泥结块失效。

（4）水泥进入输浆管前应过 1mm² 的细筛，防止杂物进入浆内造成事故。

（5）严格控制水泥浆液温度不超 40℃，搅拌缸内水泥浆液时间不超过 3h。

6　结论

地下水封洞库预注浆采取：①洞室第Ⅰ层左幅超前开挖，掌子面探孔预报围岩地质、水文情况，准确判断洞室围岩结构，减少洞室第Ⅰ层全断面探孔施工工作量；②洞室Ⅱ～Ⅳ层预注浆孔朝下，根据洞室第Ⅰ层围岩地质情况，可以提前进行预注浆施工，减少预注浆施工与开挖施工间的干扰，提高预注浆效果；③普通硅酸盐水泥掺入一定量的快硬硫铝酸盐水泥后，加快普通硅酸盐水泥浆液的凝结时间，提高水泥浆液的早期强度，为下道开挖工序提供条件。

该地下水封洞库预注浆方式堵水率在 60%～80%，满足地下水位变化值的要求，为洞室各层顺利开挖创造了条件，不仅能减小地下水位降低，减少施工干扰，加快施工进度，而且节约工程量，降低施工成本，该预注浆方式可推广应用在水利水电工程或市政、铁（公）路隧洞预注浆止水施工项目中，尤其是在分层开挖的大断面地下洞室中经济效益和社会效益更加显著。

参考文献

[1] 中国石油化工集团公司. GB 50455—2008 地下水封石洞油库设计规范 [S]. 北京：中国计划出版社，2012.

[2] 杨勇，李治国. 高压注浆止浆墙结构形式、厚度及施工技术探索 [J]. 现代隧道技术，2004.

[3] 花永茂. 超前预注浆堵水在在万家寨引黄工程支洞（北）01 洞涌水段施工中的应用 [J]. 山西水利科技，2002.

[4] 袁进科，陈礼仪. 普通硅酸盐水泥与硫铝酸盐水泥复配改性灌浆材料性能研究 [J]. 混凝土实用技术，2011.

浅析斜井绞车提升系统安全技术设计

倪俊杰/中国水利水电第十四工程局有限公司

【摘　要】　近些年，国家提高对工程建设安全、质量方面管控要求。水电站施工斜井是安全风险最高、隐患最大，管控难度较大的作业面，传统的施工方法已很难满足安全要求。为此，中国水利水电第十四工程局有限公司清蓄项目部在建的清远抽水蓄能电站，致力于改变斜、竖井施工方法，首次采用绞车提升牵引系统，提高斜竖井施工安全系数，遏制安全事故的发生。不断创新、总结，逐渐形成了一套在安全、质量管理方面有保障的斜井施工方法。

【关键词】　绞车提升系统　牵引失效保护装置　抱轨制动装置　技术专利

1　前言

清远抽水蓄能电站装机容量1280MW，位于广东省清远市的清新县太平镇境内，地理位置处于珠江三角洲西北部，直线距广州75km。枢纽工程由上水库、下水库、水道系统、地下厂房洞室群及开关站、永久道路等部分组成。

2　绞车提升系统研发的技术背景

目前国内水电站斜井施工时人员及材料运输系统提升设备大多选用卷扬机，其设备的安全及可靠性难以保障，因此，现有国内水电工程施工领域的斜井施工过程中，运输小车的牵引系统无法从根本上解决提升设备出现故障或钢丝绳断绳后运输小车因失去牵引力而坠落的问题，经调研发现矿山式提升绞车安全系数高，但卷筒过高，占用空间大，不适用水电站施工洞室布置需求，亟须重新设计。

3　绞车提升系统技术改进设计

提升系统的布置及设计包括井口平台、提升设备等多个系统及构件的设计改进，具体布置如下阐述：

3.1　井口平台的设计

结合以往经验，井口平台长12000mm，宽4950mm，由工字钢做骨架，上面满铺钢板。平台下用36根6″钢管做支撑立柱，立柱底部与基础混凝土预埋钢板焊接，平台周边安装防护栏杆，使井口平台形成一个刚性稳定的整体，以便满足提升系统施工布置需要[1]。

3.2　提升设备选取

斜井直线段衬砌混凝土小型设备和材料材料的运输采用提升设备牵引运输小车完成，提升设备的工作原理是用电动机通过传动装置驱动带有钢丝绳的卷筒来实现载荷移动[2]。经过调研采用矿上式绞车作为提升设备能满足制动要求，但由于体积过大，不适用于水电站施工，需要进行重新设计及技术改进。

经对比选型，绞车采用新购的15t无级变速绞车，绞车的参数和技术要求见表1。

表1　绞车的参数和技术要求表

项目	参数项目	参数要求	备注
15t绞车 JTP1.6 ×1.5P	最大牵引力	150kN	新购
	最大行驶速度	0.75m/s	
	钢丝绳直径	40mm	
	容绳量	400m	
技术要求	设计制造厂家生产的提升机必须符合国家规程、规范要求；绞车为可调速（无级变速），工作级别为重级；厂家在配备电器设备时要充分考虑广东地区湿度大、洞内空气污染大等特点；绞车出绳方向为下出绳；要求设计有专用的起吊吊点。绞车要求配有两套制动系统：两级盘式制动器；绞车要求配有限位器、超速器、限载装置、排绳器；电气控制要求配有过载保护、过流保护、通讯信号、紧急安全开关，所有电器必须为防水型产品；有两套操作柜：一套为单动柜，一套为联动柜；操作柜与绞车安装位置之间要求可移动25m		

3.3 提升系统布置方案

斜井衬砌混凝土运输提升系统由绞车牵引运输小车运输人员、小型机具和材料至斜井工作面，开挖期间布置的楼梯作为人员上、下斜井的备用通道。运输小车运送施工作业人员时，禁止同时运载物料；运载物料时，运输小车上除指挥人员外，禁止施工作业人员乘坐，禁止人、物混运。现场布置 2 台 15t 无级变速单绳缠绕式绞车，两台绞车同步运行，牵引一根钢丝绳绕过布置在斜井井口平台上的滑轮组及运输小车上的动滑轮牵引运输小车上、下。提升系统布置详见图 1。

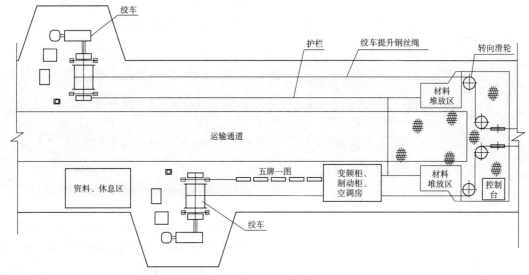

图 1 提升系统布置图

3.3.1 绞车布置

由于绞车尺寸较大，根据斜井施工现场的环境及绞车生产厂家初步的技术参数，需对绞车安装位置进行适当扩挖。扩挖后绞车基础及安装按照厂家提供资料组织施工[3]。

3.3.2 运输小车、钢丝绳

运输小车及其配套设备由具有设计、生产资质的厂家生产。牵引钢丝绳选用公称抗拉强度 1870MPa，直径为 40mm 的 6×37S＋FC 纤维芯钢丝绳。

3.3.3 转向滑轮

转向滑轮是牵引提升系统的一个重要部件，查阅了相关规范，并按照要求加工制作而成。

3.3.4 安全装置

本提升系统增加了以下安全装置：①限位保护装置；②牵引失效保护装置；③信号联络系统；④紧急安全开关；⑤过电流保护装置；⑥限速保护装置；⑦超载保护装置。

（1）限位保护装置：运输小车在井口平台及斜井滑模前端分别设置运输小车的上、下限位器，均设机械和光电限位器各一组。限位器信号线采用五芯线，下限位器信号线沿斜井一侧人员上、下楼梯布置并固定牢固。

（2）牵引失效保护装置：斜井运输小车的牵引失效保护装置包括车体底盘上的抱轨制动装置和布置在小车牵引钢丝绳两侧的保护钢丝绳。

1）抱轨制动装置：防坠落抱轨制动装置由手动制动系统和自动制动系统两套制动装置组成。自动制动装置有一个主拉杆，主拉杆的一端和制动轴连接，制动轴的两端分别连接两个用于抱轨的楔形块。主拉杆的另一端和一个弹簧相连，弹簧和运输小车的牵引钢丝绳相连。在运输小车正常运行的情况下，弹簧受拉，当运输小车失去牵引力时，拉伸的弹簧会回缩，回缩使得制动轴作用导致楔形块下落抱住轨道。手动制动装置用人工手动的方式触碰制动轴，从而使得楔形块下落抱轨制动。为保证在抱轨制动系统的作用下，运输小车能够平稳的停车，运输小车车体底盘上安装有缓冲装置，缓冲装置是利用钢丝绳通过缓冲器时的弯曲变形阻力和摩擦力所做的功来抵消运输小车下滑的动能，其主要作用是断绳时，运行中的运输小车能在规定的减速度范围内滑行一段距离，然后在制动装置的作用下平稳的停住。当牵引钢丝绳断裂或绞车出现意外故障时，抱轨制动系统会发挥自身作用，使运输小车抱轨停车。

2）保护钢丝绳[4]：扩挖作业台车宜由一台双卷筒慢速卷扬机牵引，或由两台同型号慢速卷扬机同时牵引，两台卷扬机应调整到尽量同步。宜采用一根钢丝绳绕过安装在作业台车上的平衡轮与两台卷扬机相连，并在钢丝绳与台车相连处设置保护绳。基于此，斜井混凝土施工运输小车选择两台 JTP1.6×1.5P15t 绞车，运输小车上配有平衡轮（动滑轮），采用一根钢丝绳绕过安装在运输小车上的动滑轮与两台绞车相连的布置形式。两台绞车配有两套操作柜：一套为单动柜，一套为联动柜。通过每台绞车各自的单动柜可以使单台绞车运行，通过联动柜可以使得两台绞车同步运行，因此在运输小车运行时，可以通过联动柜使两台绞车能够实现最大可能的同步运行。牵引钢丝绳在靠近运输小车动滑轮的地方，分别在动滑轮两侧的钢丝绳上各布置一根安全绳，安全绳一端和牵引钢丝绳用 U 形卡连接，一端固定在运输小车车体底盘上。安全绳要留有一定的裕量，安全绳裕量要能够保证运输小车动滑轮对调整两侧的钢丝绳不产生任何影响，并且安全绳的裕量要大于抱轨制动系统中缓冲绳的长度。当抱轨制动系统没有成功的抱轨制动，则在运输小车下降的过程中，未断绳一侧的安全绳逐渐被拉紧，从而达到制动的要求。

（3）信号联络系统：运输小车上安装电铃及电话两套信号联络系统，同时绞车操作工和运输小车上的指挥人员手持对讲机进行联系。

（4）紧急安全开关：在运输小车、绞车上均设置紧急安全开关，在紧急情况下，可通过开关直接将绞车断电制动，停止运行。

（5）过速保护装置：超载保护装置及供电控制柜：过速保护装置由生产厂家安装在绞车上，在绞车速度超过规定值时，能自动动作将钢丝绳锁紧，使提升系统停止运作。超载保护装置安装在绞车或滑轮上，在超载的情况下能够报警并自动断电，使绞车无法动作。供电控制柜内装设隔离开关、断路器或熔断器，以及漏电保护器，在出现电路系统漏电、短路、过电流、欠电压等异常情况时能自动作用，使绞车断电制动，停止运行。

（6）过电流保护装置：过电流保护的动作选择性，各保护的动作时间一般按阶梯原则进行整定。即相邻保护的动作时间，自负荷向电源方向逐级增大，且每套保护的动作时间是恒定不变的，与短路电流的大小无关。反时限过电流保护特性：流过熔断器的电流越大，熔断时间越短。反时限过电流保护是指动作时间随短路电流的增大而自动减小的保护。使用在输电线路上的反时限过电流保护，能更快的切除被保护线路首端的故障。

（7）限速保护装置：当运输小车的速度超过正常的15%时，能使提升机自动停止运转，并实现安全制动的装置。防止提升机超速。

4 系统改进后的特点及成果

以往国内的提升系统无安全防坠落装置，本次创新研究填补了防坠落装置的安全性能低的空白。选用两台绞车联动同步提升运输，提高小车运输的安全性。防止小车牵引绳断后，小车沿斜井坠落的风险。另外，在小车底部增加了抱轨装置和抱绳系统，运输小车能够抱轨（或抱绳）制动，防止小车在运输过程中钢丝绳断开后冲出越轨，遏制坠落事件发生，保护设备及施工人员，大大增强了安全性能。

为了提高斜井在使用提升系统的安全性及稳定性，保证工人在施工运输中的生命安全和企业的财产安全，通过对矿山提升系统的设备调研，清蓄电站斜井提升系统及防坠落装置的施工技术进行总结后形成工法。并且获得以下成果奖项：

2015 年 3 月 27 日，《斜井提升系统及防坠落装置研究与应用》通过了中国电力建设企业协会关键技术成果评审，评审意见：该成果达到国内领先水平。

《斜井提升系统及防坠落装置研究与应用》获得的奖励及关键技术专利证书情况如下：

（1）2014 年度中国水利水电第十四工程局有限公司科学技术进步奖二等奖。

（2）《一种斜井运输小车防坠落制动装置》于 2014 年 3 月 19 日获国家实用新型专利授权。

（3）《用于斜井施工的 JTP 改进型提升绞车》于 2014 年 11 月 26 日获国家实用新型专利授权。

（4）《一种提升设备防坠落试验用的脱绳装置》于 2015 年 3 月 4 日获国家实用新型专利授权。

（5）《一种斜井施工的安全保护装置》于 2015 年 6 月 10 日获国家实用新型专利授权。

5 使用案例及技术推广

5.1 清远抽水蓄能电站斜井提升系统的研发与运用

清远抽水蓄能电站引水隧洞斜井桩号为 Y1＋025.998～Y1＋386.127，由上弯段、直线段、下弯段组成，直线段倾角为 50°。斜井沿洞轴线总长为354.587m，该斜井提升系统及防坠落装置在斜井直线段混凝土及灌浆施工时使用。在斜井直线段混凝土及灌浆施工过程中，提升系统运行正常，稳定性较好，期间无任何安全事故发生。斜井提升系统及防坠落装置在清远抽水蓄能电站斜井混凝土和灌浆施工中的成功应用，促进了斜井施工技术的提高，保障了施工人员的生命安全，极大地降低了斜井施工的安全风险，为今后类似工程施工提供了有力的技术支撑，值得借鉴、推广。

5.2 在深圳抽水蓄能电站斜井施工中的推广

深圳抽水蓄能电站装机容量 1200MW，位于广东省深圳市盐田区和龙岗区内，距深圳市中心约 20km，其中引水隧洞共设计两级斜井，上斜井长 380.276m，截至目前，上斜井正在进行二次扩挖，下斜井直线段混凝土已施工完成，下弯段混凝土正在进行施工。

在斜井直线段混凝土施工过程中，提升系统运行正常，稳定性较好，期间无任何安全事故发生。继清远抽水蓄能电站之后，斜井提升系统及防坠落装置在深圳抽水蓄能电站斜井施工中再次取得成功，目前深圳抽水蓄能电站斜井正处于施工阶段，该科技成果技术也将在其后续施工中继续产生作用，技术社会效益显著。

6 总结

经过对矿山提升系统的调研及细心研究后，选用15t无级变速绞车，通过研发最终研发成功适合用于水电站的单绳缠绕式绞车提升系统及防坠落抱轨装置，极大降低施工过程中的安全风险，同时提高了施工效率，保障了施工人员的生命安全及项目部财产安全，促进斜井施工技术的进一步发展。

参 考 文 献

[1] 中国电力企业联合会. DL/T 5162—2013 水电水利工程施工安全防护设施技术 [S]. 北京：中国电力出版社，2013.

[2] 全国建筑施工机械与设备标准化技术委员会. GB/T 1955—2008，建筑卷扬机 [S]. 北京：中国标准出版社，2008.

[3] 矿用产品安全标志办公室，煤炭科学研究院总院上海分院，锦州矿山机械有限责任公司. AQ 1033—2007 煤矿用 JTP 型绞车安全检验规程 [S]. 北京：煤炭工业出版社，2007.

[4] 全国钢标准化技术委员会. GB/T 20118—2006 一般用途钢丝绳 [S]. 北京：中国标准出版社，2006.

浅谈海底排水隧洞塌方处理方法

李应川　田　波　曾令军／中国水利水电第十四工程局有限公司

【摘　要】　某核电厂所在区域为海陆交界区域，该核电厂的辅助工程排水隧洞位于海域环境下，隧洞埋深12～18m，因该区域地质情况复杂，基岩面起伏，且存在风化深槽、囊状风化等不良地质情况，隧洞开挖采用矿山法开挖，若超前地质预报未有效揭示不良地质，施工过程中易造成隧洞塌方，而在海域环境下的隧洞塌方对工程建设带来重大风险，且发生塌方后处理措施不当，对施工安全也将带来重大风险。

【关键词】　核电　海底隧洞　塌方　处理

1　工程概况

2016年3月15日，该核电厂排水隧洞矿山法段开挖至SSK0+230.0桩号出现持续掉块，现场立即采用喷射混凝土封闭，因喷射混凝土无法附着，掉块现象持续发展形成了小型塌方。

根据地质资料SSK0+226.0～SSK0+230.0段为Ⅱ级围岩，实际揭露地质情况为Ⅴ级围岩。根据该段地质钻孔XSG68，该处隧洞埋深约为23.00m，上部海上水面高程0.80m。从图1可以看出，该段隧洞顶部为微风化、中风化以及强风化岩层。

根据勘察单位提供的地勘资料，对地下水分析评价如下：

（1）本场区地表海水按Ⅱ类环境类型考虑。

（2）本场区地表海水对混凝土结构的腐蚀性按长期浸水条件考虑，具弱腐蚀性；按干湿交替条件考虑，具弱腐蚀性。

（3）本场区地表海水对钢筋混凝土结构中钢筋的腐蚀性按长期浸水条件考虑，具强腐蚀性。

（4）全-强风化岩体，渗透系数为0.012～0.082m/d，平均值0.038m/d，属弱透水性；中风化花岗岩岩体透水率为6.30～15.0Lu，属中等-弱透水岩体；微风化花岗岩岩体透水率为2.20～5.50Lu，属于弱透水岩体。

2　塌方处理方案

2.1　总体施工方案确定

根据现场塌方部位实际情况确定采用以下处理方

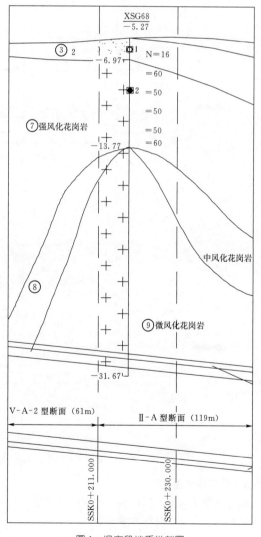

图1　塌方段地质纵剖图

案，同时进行洞内和地表观测。具体如下：

开挖台架已作为格栅钢架的临时支撑，不能移动，将开挖台架作为临时支撑，通过方木将喷射混凝土管引至塌方位置空腔内，不断向塌方形成的空腔内喷射混凝土，在喷射过程中空腔内可能存在继续掉块的现象，最终使喷射的混凝土及掉下的渣土堆积形成漏斗状，抵住隧洞顶部塌方空腔，控制继续掉块及塌方。待隧洞顶部掉块问题得到控制后，对掌子面以及塌方形成的土堆喷射混凝土，封闭整个掌子面形成止浆墙，最后对塌方体下部的松散体进行灌浆固结和对塌方体上部空腔进行灌浆回填。

2.2 主要施工方法

2.2.1 施工程序

塌方段处理程序为：塌方体控制→塌方体表面处理→塌方体坡脚加固处理→塌方体内部加固处理及顶部塌腔处理→塌方体二次开挖。

2.2.2 塌方体控制措施

（1）现场塌方体地质揭示为全风化残积土，且在拱部0°~45°范围内出现连续掉块现象，现场塌方量已基本形成漏斗状。为了确保施工人员的安全，现场先采用开挖台架作为支撑体系，然后用100mm×100mm方木（长度4m）支撑在空腔内，作为混凝土喷浆管的支撑结构，用铁丝将喷射混凝土管绑扎在方木上，最后将混凝土喷射至空腔中。塌方体下部施工程序示意图见图2。

（2）因塌方形成的空腔内仍有残积土崩落，为了加快现场喷射速度，现场采用两台TK500型混凝土喷射机连续喷射。为保证作业人员的安全，喷混凝土设备及喷混凝土料布置在矿山法竖井底部，并做好人员的技术交底及应急逃生工作。

待塌方体下部的喷射混凝土料及塌方体堆积至将塌方体完全封闭，喷射混凝土管无法继续喷射时，停止喷射混凝土。塌方体得到控制后示意图见图3。

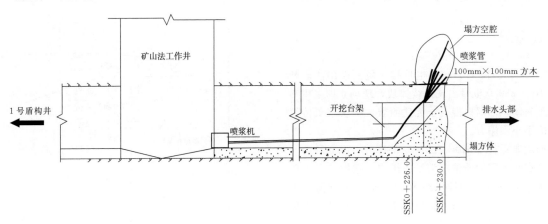

图2 塌方体下部施工程序示意图

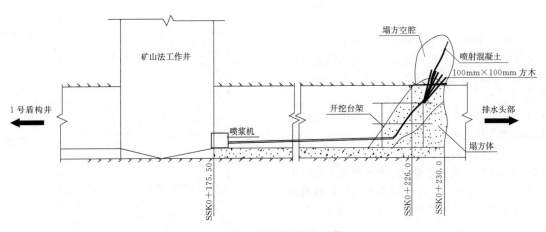

图3 塌方体得到控制后示意图

2.2.3 塌方体表面处理

塌方段掌子面拟采用砂袋及挂网喷射混凝土的方式封闭以形成止浆墙。具体方案如下：

塌方体下部完全封闭结束，并观察2h，待掌子面回填的材料趋于稳定，观察掌子面没有明显的险情后，沿掌子面塌方体坡脚分层堆码砂袋，码放高度约1.5m，以对塌方体的坡脚进行加固，防止塌方体滑移，提高掌子面回填材料的整体稳定性。

砂袋码放完成后，采用喷射混凝土对塌方体下侧形成的坡面喷射混凝土，使其形成止浆墙。

喷射混凝土分为多次进行，每次喷射厚度 5～10cm，每喷射两层挂设一层钢筋网，钢筋网直径 8mm，间距 250mm×250mm。钢筋网铺设完成后继续施喷，直至达到喷射厚度。按照会议要求，喷射混凝土形成的止浆墙厚度不少于 1.0m。

另外，在喷射混凝土前，预先在喷射混凝土内预埋 6 寸钢管，间距 1.2m×1.2m，作为后期注浆用的导向管。

2.2.4 塌方体坡脚加固处理

为了加强坡脚的稳定性，在坡脚位置采用 18cm 厚的胶合板支模，在模板内侧坡面上挂网后向模板内侧喷射混凝土，使其在坡脚形成混凝土挡墙，挡墙高度 1.2m，底脚厚度 1.2m。

2.2.5 坍塌体内部处理

在坍塌体表面喷射混凝土厚度超过 1m 厚之后，采取钢花管注浆加固坍塌体，注浆管采用直径为 42mm 的钢花管，长度 6m，间距 1.2m×1.2m（梅花形布置），浆液采用 C－S（普通水泥-水玻璃）双液浆，水泥浆水灰比 1:1，C－S（体积比）取 1:1。注浆压力 0.1～0.3MPa。

松散体注浆孔采用手风钻钻孔，注浆管管材采用超前小导管材料。松散体注浆管布置示意图见图 4。

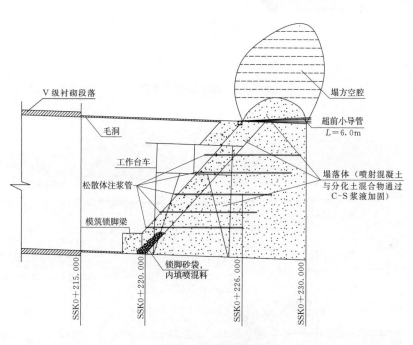

图 4　松散体注浆管布置示意图

2.2.6 拱顶上部塌腔处理

根据现场情况，拱顶上部塌腔内靠近隧道拱顶位置约有 1～2m 厚塌落土体与喷射混凝土的混合物，其上部为空腔，对此采用以下注浆措施进行加固填充：

（1）对于塌落体与喷射混凝土的混合物：采用直径为 42mm 的钢花管（与超前小导管规格相同）注浆加固，浆液采用 C－S 浆液或水泥浆液，注浆压力不超过 0.1MPa。

（2）对于上部空腔：根据现场钻机条件，选用合适直径（直径无具体要求）的钢管注浆，浆液采用水泥砂浆或水泥浆液，采用低压甚至无压灌浆的方式注入塌腔。

（3）空腔回填灌浆分层进行，每层灌浆厚度约 50cm。

回填灌浆孔布置见图 5。

2.2.7 开挖隧洞段加强支护措施

因已开挖出的洞段围岩较好（Ⅱ级围岩），还未完全进行支护，受塌方影响已开挖洞段存在风险，采用提高一级（Ⅲ级围岩）的支护参数加强支护。

2.3 总体方案及施工流程

现场对塌方段进行紧急处理后，塌方段处于稳定状态，塌方段现状纵断面示意图见图 6。

鉴于目前塌方体上方地质情况不明，为探明塌方体上方的地质情况，预防二次塌方等次生灾害的发生，首先在隧洞左侧上方进行超前水平探孔，再进行先导坑施工，先导坑开挖至原塌方前掌子面（SSK0＋230.000 桩号）；先导坑施工采用局部管棚、短进尺、弱爆破开挖；隧洞右侧采用大管棚超前支护。具体施工方案和流程见图 7。

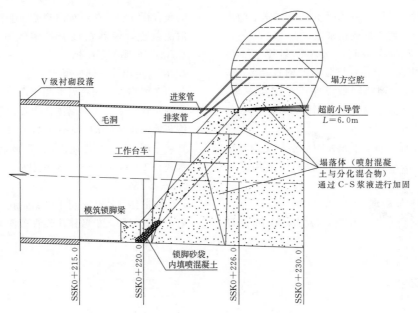

图 5　塌方体回填灌浆示意图

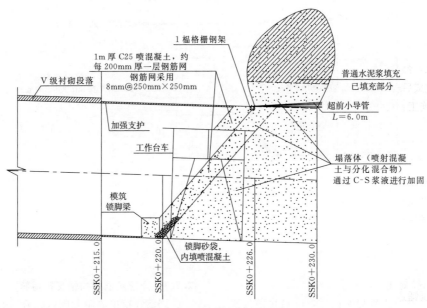

图 6　塌方段现状纵断面示意图

（1）TSP 超前地质预报：施工前采用 TSP 地质雷达，探测掌子面前方的地层情况。

（2）超前探孔施工：根据 TSP 超前地质预报成果，在目前掌子面向前方施作超前探孔，拟布置 6 个超前探孔，探孔深度 20m。通过超前探孔取芯情况，结合超前地质预报资料，进一步探明掌子面前方的地质情况。

若超前地质钻孔取芯探明掌子面前方围岩情况较差，渗水严重时，则参照设计图纸超前帷幕注浆设计对掌子面前方围岩进行超前帷幕注浆加固。

（3）隧洞顶部超前大管棚施工：根据现场实际情况，为了防止扩挖（爆破震动）引起其他次生灾害的发生，超前大管棚施工不在隧洞内开挖管棚操作间，拟采用以下方法进行管棚施工：

拟在后部已开挖隧洞段 SSK0＋218.000 和 SSK0＋219.000 桩号安装 2 榀临时钢拱架支撑，钢拱架由 20a 工字钢加工，并按五类围岩支护方法打设锁脚锚管。在钢拱架的管棚位置开孔焊接导向管，然后采用喷射混凝土的方式封闭钢支撑及导向管形成导向墙，然后进行超前大管棚施工。

（4）先导坑右侧超前大管棚施工：在 SSK0＋223.000 桩号掌子面沿先导坑开挖边线采用反铲配合液压锤开挖 0.6m 长，然后在 SSK0＋223.000 和 SSK0＋223.600 桩号安装 2 榀临时钢支撑，并在钢支撑右侧焊接导向管，然后采用喷射混凝土的方式封闭钢支撑及导向管，然后进行超前大管棚施工。

（5）左侧先导坑开挖支护施工：待上述工作全部完成

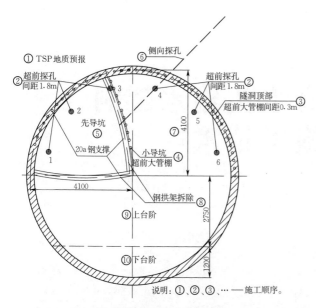

图7 施工方案及流程示意图

后，按照先导坑设计图纸进行先导坑开挖支护施工。先导坑开挖采用非爆破开挖方式，主要采用反铲配合液压锤进行，局部采用膨胀剂，每次开挖进尺0.6m，每开挖1个循环安装1榀格栅钢架，然后挂网及喷射混凝土支护，待该循环所有工序施工完成后再进行下一循环施工。

（6）侧向探孔施工：在施工完成的先导坑内侧墙上向塌方体内施作探孔，进一步探明塌方体处理情况。

（7）先导坑右侧隧洞开挖支护施工：开挖支护施工方法同先导坑施工方法。

（8）先导坑右侧及底部钢支撑拆除：待上部隧洞开挖完成后，人工拆除先导坑右侧及底部钢支撑。

（9）隧洞下部开挖支护施工：为保证隧洞通行通道正常运行，下部隧洞开挖拟分为两个台阶，先施工上台阶，下台阶在上台阶施工间隙时间施作，施工后回填洞渣，保证运输通道空间。要求每次开挖进尺0.6m，开挖采用反铲配合液压锤进行。

（10）管棚施工临时钢支撑等设施拆除：待塌方段全部开挖支护完成后，采用开挖台架作为施工平台，采用反铲配合液压锤对侵限的喷射混凝土进行凿除，然后拆除临时钢支撑及侵限的管棚，保证隧洞净空断面。

3 施工监测及量测方法

塌方段处理过程中需加强对塌体的监控量测，若监测数据存在异常变化应立即停止所有施工撤离隧洞（表1）。

（1）洞内外观察：记录塌方里程位置稳定状态，即拱部有无土体剥落和坍塌现象，记录渗水、涌水情况和地质情况。若遇特殊不稳定情况时，应派专人进行不间断的观察；对已进行支护地段，观察是否有锚杆被拉断，喷射混凝土是否发生裂隙和剥离或剪切破坏，格栅钢架

有无被压曲变形等一系列不利情况。对地表路面下沉、开裂及沟的开裂、沉降、滑移等安全状况进行观察。

（2）洞周收敛（隧道净空变形）：在塌方里程增加收敛监测断面，采用收敛计进行测量，每断面至少设两条水平测线。

（3）拱顶下沉量测和洞周收敛量测：在塌方里程断面增设3个拱顶下沉测点。

表1 监测项目及方法

序号	项目名称	量测类型	测量方法	测点布置	测量频率/（次/d）
1	洞内外观察	必测	岩性、预注浆效果及围岩自稳性、地下水、支护变形、开裂、地表建筑物的变形、开裂、下沉等情况观察及描述	塌方里程后1～2m	4～6
2	洞周收敛（净空变形）	必测	坑道周边收敛计	塌方里程后1～2m	2～4
3	拱顶下沉	必测	精密水准仪、钢尺	塌方里程后1～2m	2～4

注 监控量测数据分析结果应及时反馈至技术部门，以供现场决策。

对比塌方前后监控量测数据，塌方前排水隧洞SSK0＋176.0～SSK0＋220.0桩号范围内，收敛监测周变化量在0.2～0.5mm以内，洞顶下沉周变化量在0.8mm范围内变化。塌方发生后，对各收敛断面进行加密监测，监测频率为1次/2h。

根据监测数据显示，掌子面塌方后，对176～220桩号范围内的岩体影响不大，收敛监测变化量基本保持在0.1mm/d变化范围内，洞顶下沉周变化量不到1mm，与塌方前监测数据变化情况相似，无异常突变现象，在可控范围内。

4 结语

本工程海底深排隧洞在隧洞水文地质条件复杂，施工难度和安全风险很高，进度控制困难，属国内罕见。本工程采取的对塌方体的技术处理与控制，从实际处理情况来看有效地保证了现场的快速处理；同时，工程采取的洞内大管棚通过塌方段的施工方法，有效地保证了开挖通过塌方段的施工安全，为后续类似海底地质条件施工和应急处理提供了借鉴和参考。通过对海底隧洞工程塌方处理的实践，积累了项目部在类似塌方处理及如何通过塌方段的实践经验。

抽水蓄能电站超高水头输水隧洞渗水处理施工技术

马军峰　许远志　昌国锴/中国水利水电第十四工程局有限公司

【摘　要】 深圳抽水蓄能电站中平洞动水头 594.00m，静水头 426.00m，地下埋深 240.00～300.00m，距三洲田水库水平方向 1km 左右，是深圳抽水蓄能电站水道系统中最重要的洞段。洞身段渗水处理不及时、方法不得当、效果不好将会带来不可估量的损失，本文中详细地介绍了深圳抽水蓄能电站中平洞渗水处理的方法、要点，减少潜在的隐患、风险，确保中平洞施工顺利、安全进行，水道系统充水一次成功。

【关键词】 深圳抽水蓄能电站　中平洞　渗水处理

1 概述

1.1 工程概况

深圳抽水蓄能电站位于深圳市东北部的盐田区和龙岗区内，距深圳市中心约 20km，为 Ⅰ 等工程，引水隧洞中平洞连接上斜井与下斜井，走向 NE01°28′00.08″，纵坡 3.03%，长度 954.381m，开挖断面尺寸 ϕ10.7m，衬砌后断面尺寸 ϕ9.5m。2 号施工支洞与中平洞交点桩号为 Y2＋413.234，2 号施工支洞上游侧中平洞长 419.878m，2 号施工支洞下游侧中平洞长 534.503m。

1.2 渗水情况

中平洞开挖期间揭示岩隙渗水特点为渗水点分布广、渗水量大，主要渗水点集中部位有十余处，其中较大渗水点分布在桩号 Y2＋077～Y2＋222 等桩号段，以上部位渗水多分布在边拱顶部位，呈"水帘状"。部分洞段渗水情况见图 1。经现场测算，2015 年 5—12 月中平洞平均渗水量为 161.69～174.96m³/h，根据测算结果表明，从丰水季节到枯水季节中平洞渗水量无较大变化。针对中平洞渗水量大、持续时间较长情况，需在中平洞渗水量较大部位，采取必要措施才能保证正常施工。

2 开挖期间渗水处理

中平洞自上而下的纵坡为 3.03%，连接上斜井下弯段、下斜井上弯段，中平洞渗水点多分布在拱顶范围，在开挖期间，根据开挖揭露，高压隧洞桩号 Y2＋077～222 段岩面裂隙水外渗严重，为做好渗水的引排，增设随机排水孔，见图 2。裂隙渗水通过排水孔流出，渗水量少的直接引排至中平洞左侧排水沟，渗水量大的通过管路、顶拱 U 形铁皮引排至左侧排水沟，通过排水沟及排水管路汇集至集水池，通过水泵抽排至洞外。

3 混凝土衬砌期间渗水处理

中平洞主要采用针梁钢模台车进行浇筑，部分洞段采用满堂排架定型钢模浇筑。

3.1 渗水处理

3.1.1 大流量集中渗水处理

中平洞上游侧涌水段出水点主要分布在拱顶范围内，多为 Ⅰ 类、Ⅱ 类围岩，无锚杆喷混凝土等初期衬护支护，岩面较为平整。在顶拱用膨胀螺栓将预先加工好的"方形集水盒"采用膨胀螺栓焊接固定在基岩面，集水盒的尺寸根据实际渗水点流量及范围加工，安装完成后需采用快干水泥或专用堵漏剂进行集水盒周边封堵，集水盒侧边预留排水孔与 2 寸（1 寸≈3.33cm）镀锌弧形钢管焊接相连，将渗水沿顶拱通过 2 寸镀锌钢管引排至底拱两侧主排水管（根据实际情况左侧与右侧布置各一根 4 寸镀锌钢管作为主排水管），集水盒排水口出口镀锌管处 50cm 范围内设置三通管，针梁钢模台车衬砌施工至该渗水点时，将三通管非排水端接引至与衬砌模板贴合，管端采用塑料临时封堵防止渗水流出。该三通非排水端用于后期灌浆预留管路。具体布置示意图见图 3。

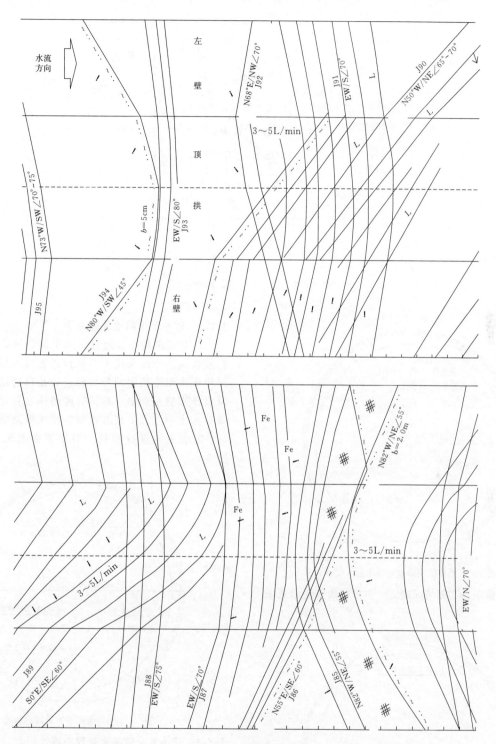

图1 部分洞段渗水分布图

3.1.2 大流量分散面广渗水处理

中平洞渗水部分以长条走向裂隙渗水为主，渗水量小，渗水面广，多呈"水帘状"，收集引排难度相对较大，对渗水比较分散部位，在顶拱用膨胀螺栓将预先加工好的"U形薄钢板"（钢板上穿孔）固定在顶拱，U形薄钢板的尺寸根据实际渗水点流量及范围加工，U形薄钢板安装完成后需与岩石接触密实，根据实际情况不密实的部位采用快干材料或专用堵漏剂封堵，U形薄钢板上焊接一2寸镀锌弧形钢管，将渗水沿顶拱引排至侧墙主排水管（根据实际情况左侧/右侧布置一根4寸镀锌钢管作为主排水管，左右两侧边墙均有渗水点时左右侧均需布置主排水管），具体布置示意图见图3。安装U形薄钢板若需搭设钢管脚手架，脚手架搭设需符合相关设计规范要求。安装U形薄钢板采用登高车等设备进

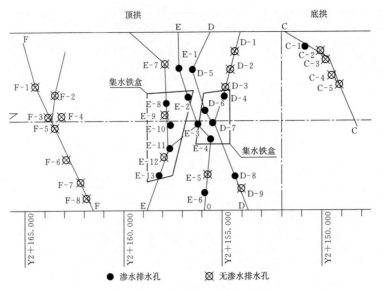

图 2　部分洞段排水孔布置示意图

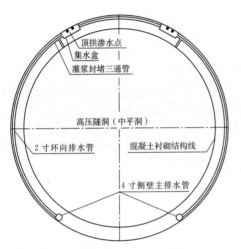

图 3　大流量集中渗水处理布置示意图

行，具体根据现场实际情况确定。引排平面安装示意图见图 4。

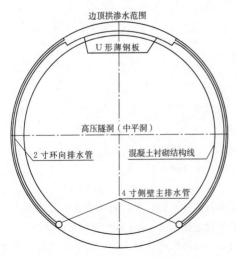

图 4　大流量分散渗水处理布置示意图

3.1.3　较小集中渗水处理办法

针对范围较小且经过采用手风钻钻造排水孔并能有效收集渗水后采用 1 寸镀锌钢管插入排水孔，并采用快干水泥或堵漏剂等材料进行孔口封堵，使渗水经埋设排水管引流出，视情况将该排水管并入换向 2 寸镀锌排水钢支管，或者直接将排水管路引至底拱两侧 4 寸排水主管进行引排。引排平面安装示意图详见图 5。

图 5　小流量集中渗水处理示意图

3.1.4　较小且分散渗水处理办法

针对范围较大但渗水较小无法进行有效收集的渗水面，在衬砌施工至该渗水面时预埋 2 寸镀锌钢管，排水管长度根据该部位基岩面到模板的垂直距离进行现场量测与切割，预埋镀锌钢管需两端采用土工布进行封堵以防止衬砌浇筑过程中混凝土溢入排水管影响引排效果。排水管安装后再针梁钢模模板面进行标记，待衬砌施工完成后进行管路疏通，后期灌浆将作为随机增设灌浆管进行灌注。引排平面安装示意图见图 6。

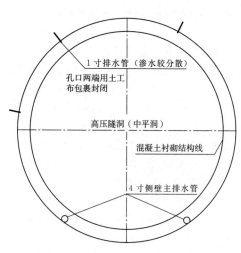

图6　小流量分散渗水处理示意图

3.2　底拱渗水处理

中平洞底拱渗水处理，根据目前岩层清底施工过程中监测显示，底拱渗水集中在 Y2＋017～Y2＋127 桩号，底拱渗水大部分属于裂隙条状渗水，裂隙渗水面较宽，无法进行彻底封堵，针对此种状况，采用手风钻在较大渗水裂隙处沿裂隙方向进行排水孔造孔施工，孔深控制在 1～3m，采用 2 寸镀锌钢管进行安装，孔口及条状裂隙采用快干水泥或堵漏剂进行封堵压实，使渗水不再经裂隙而是通过预埋管路引出，在衬砌施工过程中通过在针梁钢模台车底拱 50cm×150cm 钢模上开孔，将预埋钢管通过模板观察振捣孔引出，接软管引出仓外。底拱渗水处理示意图见图7。

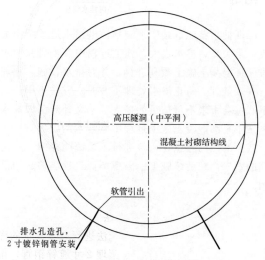

图7　底拱渗水处理示意图

3.3　渗水引排

3.3.1　边顶拱渗水引排

环向排水管采用 2 寸镀锌钢管，膨胀螺栓固定于岩壁上，管间采用三通连接，至侧墙与纵向主排水管相

接，并通过钻孔伸入纵向主排水管内 2～3cm，相接部位用围焊焊接密实，防止漏水。

纵向主排水管采用 6 寸镀锌钢管，每根长 6m，由 ϕ25 插筋固定在中平洞、2 号施工支洞洞壁上。每节钢管之间由钢制法兰、垫片及螺栓连接。

镀锌钢管由 5t 载重车运输至 2 号施工支洞、中平洞内，人工卸车。小型人工配合小型装载机安装。管路架设完成后，试运行检查管路是否漏水，若出现接头漏水，拆除漏水部位镀锌钢管重新安装，直至不出现漏水。

3.3.2　底拱渗水引排

中平洞底拱渗水处理完成后从已衬砌底拱处引出，通过接 2 寸软管引排至仓外，通过下坡洞自流引排至 Y2＋430 处集水坑抽排至洞外。

3.4　排水孔处理

3.4.1　排水孔施工情况

中平洞开挖完成后，根据岩层揭露情况及渗水情况，前期采用阿特拉斯 352E 型三臂凿岩台车进行排水孔造孔施工，根据现场造孔过程中渗水改善情况不同排水孔孔深存在 3～6m 不等。后期采用 YT－28 手风钻人工进行边底拱排水孔造孔，根据现场渗水改善状况排水孔孔深为 2～6m 不等。

3.4.2　无效排水孔处理办法

排水孔造孔结合现场实际断面情况以贯穿渗水裂隙排水为施工原则，受裂隙走向及裂隙渗水分布情况，排水孔施工效果不一，按中平洞渗水处理专题会议内容要求：未有效引排渗水的排水孔，排水孔孔深不超过 4m 将采用注浆机灌注砂浆的形式进行封堵，注浆利用衬砌施工用钢筋台车作为作业平台或租用登高设备进行施工；排水孔孔深超过 4m（含 4m）时采用安装 2 寸镀锌钢管在衬砌施工时引至混凝土表面，后期灌浆工序施工过程中采用水泥灌浆形式封堵。

3.4.3　有效排水孔处理办法

存在较大渗水且能通过排水孔有效引排的渗水点或渗水面，采用集水盒收集或镀锌钢管引流的形式引排至顶拱两侧 4 寸主管，通过主管引排至 2 号施工支洞排水沟再排至洞外。

3.5　排水设施灌浆封堵施工

3.5.1　集中渗水灌浆管预埋

集中渗水裂隙采用集水盒集水通过支管引流至主管，为防止通过主管灌浆无法满足支管及集水盒内灌浆孔的灌注质量要求，避免出现灌注不密实、空洞情况，需在支管与集水盒接头处安装三通管，灌浆管一端连接三通，另一端与衬砌钢模板接触，管头采用塑料密封防止渗水溢出，衬砌施工时灌浆管与模板接触位置做好标记。

3.5.2 分散面广渗水面灌浆管预埋

对于顶拱渗水范围，在U形薄钢板安装完成后，根据实际情况，避开U形薄钢板与排水管接缝处安装三通管，灌浆管安装与集中渗水灌浆管安装工艺相同，安装完成后做好标记，混凝土衬砌完成后，斜向孔后期作为渗水处理灌浆孔。

3.5.3 较小且分散渗水面灌浆管预埋

中平洞衬砌施工过程中，对于基岩面潮湿，沁水等难以收集的渗水情况，衬砌混凝土强度未达到标称强度之前为防止渗水压力导致混凝土开裂、脱落等情况，灌浆管安装根据现场实际超欠挖情况确认灌浆管长度，灌浆管一端直接与基岩面接触，一端与模板相接，管头采用土工布封闭，防止混凝土溢入影响排水及后期灌注。安装完成后做好标记。

3.5.4 排水主管灌浆管预埋

侧墙主排水管每隔20m需预留灌浆管，衬砌施工过程中将灌浆管延长，通过底拱50cm×150cm模板观察振捣孔引出，管头安装高压球阀进行临时截流，防止渗水溢出，后期灌浆施工时将主排水管灌浆密实。

3.6 预埋管的台账管理

由于中平洞渗水分布比较广，渗水量大，开挖断面顶部、腰部、底部均有渗水，混凝土施工过程中在仓内进行排水设施，而且为了提高岩石整体性、抗渗性等进行灌浆预埋管施工，属于隐蔽工程，如果排水设施、预埋管在混凝土施工完成后未全部找出，未能进行灌浆施工及预埋管管口进行有效处理，将对中平洞带来不可估量的损失，因此，在排水设施、预埋管施工过程中必须做好现场排水设施、预埋管的台账管理工作。

施工过程中对有排水设施、预埋管的位置进行高程、桩号、管路方向等进行标注，照片记录，在混凝土浇筑时在模板对应位置做好相应标识，绘制排水设施、预埋管布置图，在布置图上进行准确标识，以便混凝土浇筑完成后顺利找出预埋管的位置所在，保证后续对排水设施、预埋管灌浆施工、预埋管管口进行有效处理的顺利进行。

4 排水孔灌浆施工

中平洞排水孔灌浆总体施工工序安排：在同一单元

内，先进行预埋排水孔周圈（环间及环内）布置4个孔进行灌浆处理，其次进行排水孔和排水管灌浆封堵，最后进行排水孔扫孔化学灌浆封孔。

原预留排水孔孔深入岩3.5~5.5m，水泥灌浆压力控制3.0~3.5MPa；排水孔周圈孔按"1+4"进行布置（环间和环内各布置2个孔），与排水孔相距1.0m，孔深与该单元系统灌浆孔深相同，灌浆压力为6.0MPa。

在灌注过程中若出现灌浆孔串浆的现象，在条件允许的情况下，可采取与被串孔一泵一孔同时灌注，但同时灌浆孔不宜多于3孔。开灌后孔内注入率不超过10L/min的孔采用一次升压法让灌浆压力尽快达到设计压力，注入率大于10L/min的孔采用分级升压法灌注，升压幅度根据实际注入率参照表5确定，每分钟升压0.1~0.5MPa，但必须保证注入率大于10L/min的情况下灌浆压力小于设计压力。在灌浆过程中还应控制好流量与压力的关系，PQ值（压力×流量）小于40MPa·L/min，在灌浆过程中发生串浆现象时，应采用灌浆塞及时分辨出浆液是否从岩石与混凝土接触面串出，若从岩石与混凝土接触面串出，则采取低压（压力控制在0.5MPa以内）浓浆慢灌方式进行灌注；若是岩石裂隙或混凝土与岩石接触面上互串，则采取浓浆慢灌方式进行灌注。灌浆过程中严密监视中平洞的变形，如发现异常现象，应立即降压并报告有关人员，并做好详细记录。水泥灌浆结束后，排水孔扫孔至实际孔深进行化学灌浆封孔，灌浆压力控制在3.0MPa，其周圈孔在扫孔至入岩1.0m进行化学灌浆封孔，封孔压力为1.0MPa。

5 结语

深圳抽水蓄能电站中平洞是该电站水道系统中关键洞段，水头高、渗水量大，施工过程中着重研究渗水的引排保证混凝土施工顺利进行，并对排水设施、预埋管进行有效处理，防止渗水处理不及时、方法不得当、效果不好将会带来不可估量的损失。本文针对深圳抽水蓄能电站中平洞混凝土施工过程中队渗水的处理方法、要点、减少潜在的隐患、风险进行了系统的介绍，达到了预期的效果，在后续施工中出现类似工程能够起到借鉴作用。

浅谈树根桩在加固隧道洞口建筑物的应用

蒲志雄　张伟峰　黄炳营/中国水利水电第十四工程局有限公司

【摘　要】 江门市南山路新建道路工程 K0＋780 隧道洞口上方存在一高压线塔，为确保在隧道施工过程中高压电塔安全稳定，采用树根桩对其进行加固处理。本文从施工角度对树根桩施工技术进行总结，为今后类似施工提供借鉴。

【关键词】 隧道洞口　树根桩　加固　施工技术

1　工程概况

江门市南山路新建道路工程 K0＋780 隧道经过低山丘陵区，隧道洞口从一电塔下方经过，电塔高程为26.50m，与隧道净距为3.42m，隧道埋深1.84m，对隧道施工影响较大。因此，隧道施工前必须对电塔做好处理措施。处理方式为：隧道开挖前在电塔与隧道之间打设四排 ϕ25cm 树根桩[1]，其中，靠近电塔侧两排为 ϕ25cm@35cm 树根桩，排距为 60cm，桩长至隧道支护底面以下 5m；靠近隧道侧的两排为 ϕ25cm@50cm，排距为 80cm，桩长至隧道支护底面以下 3m。靠近电塔的一排向电塔倾斜 10°，其他三排为直桩。具体详情见图 1。

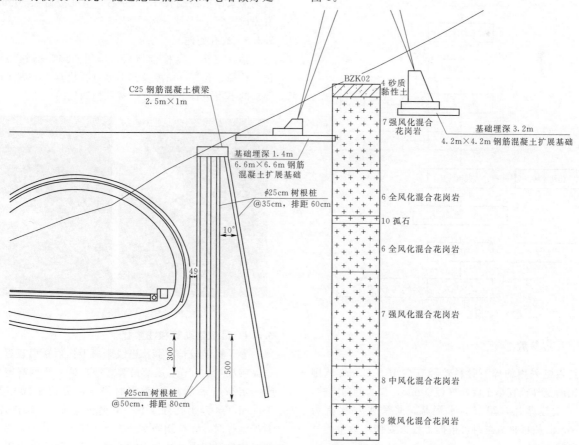

图1　施工区地质情况及树根桩布置图（单位：cm）

隧道开挖过程中，必然会引起拱顶下沉以及周边土体向内挤压，造成洞顶上放电塔基础下沉或产生水平位移。在电塔与隧道之间加设树根桩，利用树根桩对土体进行注浆加固，提高电塔基础承载力，减少沉降。树根桩为群桩，内设钢筋笼，具有一定的侧向支护能力，形成后可减少土体水平位移，同时起到稳固边坡的作用。

2　施工设备

树根桩造孔选用 XS-150 地质钻钻机 2 台，钻头直径 25cm，该钻机机型大小适合、钻进速度快、成孔精度高。施工用风采用 2 台 Y160M2-2 型移动空气压缩机，以便于吹出孔内沉渣。注浆分两次压浆，采用 2 台黑旋风注浆机。另配备泥浆净化机、泥浆搅拌机、PN型泥浆泵各 1 台，用于制备泥浆。

3　施工工艺及方法

3.1　工艺流程

树根桩施工工艺流程图见图 2。

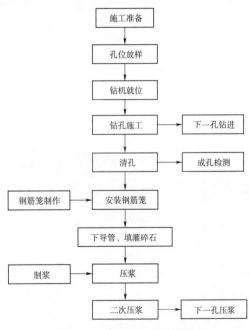

图 2　树根桩施工工艺流程图

3.2　工艺参数

树根桩采用的碎石骨料粒径宜在 10～25mm 范围内，钢筋笼外径宜小于设计桩径 20mm，作为侧向支护，采用二次注浆法，浆液为水泥浆，浆液水灰比宜为 0.4～0.5；树根桩成桩时可根据工程需要掺入适量的早强剂和减水剂。

3.3　施工工艺

3.3.1　成孔

树根桩钻孔采取跳孔施工，每次跳两个孔，从中间向两边施工，易塌孔地方应采用泥浆护壁循环成孔。钻进时先慢速均匀钻进，控制好第一、二节钻杆的钻进速度。钻进过程中，根据钻机负荷、钻孔深度、地质结构及时调整钻进速度，确保成孔质量。容易缩孔的地层，钻完一段后，应复扫一次孔，再采用高压空气吹孔。拔钻过程中出现受阻现象发生时，由专职人员指导操作，对受阻段做好复扫孔或其他处理措施。

钻孔过程中应及时清理虚土，提钻时应事先把孔口虚土清理干净。必要时二次投钻清理虚土。

钻进过程中泥浆控制：在制作泥浆时，采用泥浆三件套（泥浆含沙量、泥浆黏度计、泥浆比重计）测泥浆比重、黏度、含沙率，一般在黏性土、亚黏性土地层中，泥浆比重控制在 1.1～1.3 之间，砂层、松散易塌陷地层中，泥浆比重一般控制在 1.2～1.4 之间，黏度控制在 18～24s。

3.3.2　清孔

钻孔完毕后，应及时组织清孔，通过钻杆向孔内注入高压空气，吹出孔内沉渣。如果孔内沉渣过大过多，向孔内注水，将孔内沉渣磨成泥浆后置换出孔外，清孔后期泥浆比重控制在 1.12 左右。清孔控制在 20min 左右完成。

3.3.3　成孔检测

钻孔完毕、自检合格后，采用测绳、钢卷尺对孔位、孔径、孔深、斜度及孔形等进行检查，不满足质量要求的不得进行下道工序。成孔检测见图 3。

图 3　成孔检测

3.3.4　吊放钢筋笼和注浆管

鉴于桩体较长，高压电线距离工作面距离较近，钢筋制成 6m 一节，逐节吊装焊接，第一节钢筋笼下吊至一定高度后利用立架临时固定，为便于操作预留 0.8～1.6m 露出孔外。下一节钢筋笼采用对接法连接，对接施焊时，保持钢筋笼处于垂直状态，对称施焊。钢筋笼安放过程中，受阻力时不能强行下压，宜边旋边安

放，保证孔壁稳定。

采用φ20钢管做注浆管，底部100cm范围内交错钻φ8孔，纵向间距10cm。注浆管各节间应旋紧，累积长度大于孔深0.2～0.8mm，注浆管底口距离孔底5～10cm（即下到底填料后上提5～10cm）。灌浆管一般放在钢筋笼内，一起放到钻孔内。注浆花管示意图见图4。

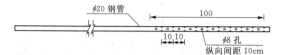

图4 注浆花管示意图（尺寸标注单位：cm）

3.3.5 灌填碎石及压浆

（1）碎石灌填：碎石应用水冲洗，计量填放，填入量控制在1.15倍计算体积左右。为保证回填碎石均匀，填入约0.2m³石料，摇动钢筋笼，注浆管，保证碎石入孔底。在填灌过程中应始终利用注浆管注清水清孔，最后在灌注前清孔至返清水为止。

（2）水泥浆配制：将水灰比控制在0.5～0.6之间，水泥浆先用高速搅拌机制浆，以确保搅拌均匀，减少离析，再转入低速搅拌储浆桶，边搅边注浆。

（3）压浆[3]：注浆方式采用两次注浆。初次压浆：注浆时应控制注浆压力，使浆液均匀上冒，直至泛出孔口溢出为止。注浆过程应连续，如因其他原因间断，立即处理。注浆压力底部用0.5～0.7MPa，上部用0.1～0.3MPa，注浆管的提升应根据注浆压力变化进行，每次提升高度不超过50cm，直至水泥浆完全置换孔内泥浆从孔口溢出为止。二次压浆：待初次压浆达到初凝（一般控制在60min范围内）后，进行二次压浆，使浆液均匀上冒，直至孔口泛出浆液为止。二次注浆压力为2～4MPa。

4 施工注意事项

（1）树根桩采用的碎石粒径不宜过大，以防卡在钢筋笼上，通常以不超过1/10桩径为宜。粒径数毫米的瓜子片含泥量高，易浮在水泥浆表面，会显著减少压浆量和降低桩身强度。

（2）在成孔之后至回填碎石期间，最可能产生缩径和塌孔现象，因此应尽可能缩短吊放钢筋笼和注浆管的时间。

（3）碎石的填充量采取体积计算，先算出盛碎石的容器的体积和钻孔（扣钢筋笼、注浆管的体积）的容积，可获得每孔应投入碎石的桶数。考虑到钻孔容积计算的误差和投放时空隙的变化，投入量允许有10%～20%的变化幅度。投入量过小往往是缩径或碎石级配不良所致，会导致桩身强度不够。

（4）注浆不宜采用高压大流量的注浆泵，避免产生过多的浆液流失和桩身强度不均匀。

（5）拔管后孔内混凝土和浆液面会下降，当表层土质松散时会有浆液流失现象，一般须在桩顶填充碎石和在1～2m范围内补注浆。

（6）树根桩施工如出现缩颈和塌孔的现象，应将套管下到产生缩或塌孔的土层深度以下。

（7）树根桩施工时应防止出现穿孔和浆液沿砂层大量流失的现象，树根桩的额定注浆量应不超过按桩身体积计算的三倍，当注浆量达到额定注浆量时应停止注浆，可采用跳孔施工、间歇施工和增加速凝剂掺量等措施来防止上述现象。

5 结语

（1）经现场监测观察，树根桩在施工过程中产生扰动较小，监测点基本没有变化。

（2）在隧道开挖后，未设置树根桩的另一侧测斜孔测值在41～52mm之间，设置树根桩的电塔附近测斜孔测值在8～10mm之间，电塔附近未出现明显裂缝，达到了预定的效果。

树根桩是小型钻孔灌注桩，施工震动小，对边坡、电塔等结构物基础扰动小，施工方便、安全。同时通过树根桩的群桩作用，对结构物的加固效果明显，具有广泛应用。

地下厂房饰面免装修清水混凝土施工技术

朱育宏　李　辉　刘芳明/中国水利水电第十四工程局有限公司

【摘　要】　本文主要介绍地下厂房饰面免装修清水混凝土施工技术，通过多次工艺试验论证、优化了各工序间的质量管控流程，又通过阶段生产性试验强化了过程控制，形成一套可复制、成熟的施工工法。

通过技术改进优化了模板及支撑体系方案，摒弃蝉缝设置明缝，高边墙不设拉筋，一次浇筑成型，外观美观，色泽均匀，采用耐久性喷涂施工，提高混凝土使用寿命，达到免装修效果，降低安全管控风险，节省了工程成本和工期，经济效益明显。

【关键词】　地下厂房　饰面　混凝土　施工

1　前言

饰面清水混凝土是表面颜色基本一致，由有规律排列的对拉螺栓孔眼、明缝、蝉缝、假眼等组合形成的、以自然质感为饰面效果的清水混凝土。它具有一次浇筑成型，无烂根、无蜂窝麻面、无明显气泡和错缝痕迹，色泽均匀，光洁平整；构件尺寸精准，阴阳角整齐平直；梁柱节点或墙面交角、交线规整；预留位置准确；内实外美，达到免装修效果等特点。

在清远抽水蓄能电站主厂房混凝土施工过程中，蜗壳层、水泵水轮机层、中间层、发电机层所有外露板梁柱混凝土和高边墙混凝土均采用清水混凝土施工工艺，外露表面积为16000m²，浇筑混凝土方量为20002m³。如此大规模、大面积使用饰面免装修清水混凝土施工技术，通过查新，在国内的地下厂房施工中均无研究报道，属于水电工程首创。厂房饰面免装修清水混凝土浇筑分层示意图见图1。

2　研究的方向及内容

（1）研究混凝土[1]配合比的适用性（包括施工和易性、外观效果），确定最优配合比。

（2）研究混凝土模板施工工艺，包括模板支撑、固定、脱模剂使用、接缝处理等，确定最优施工

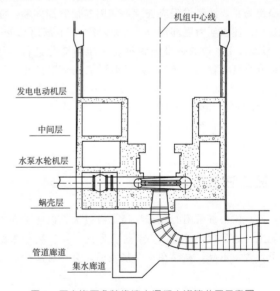

图1　厂房饰面免装修清水混凝土浇筑分层示意图

工艺。

（3）验证混凝土施工工艺，主要包括拌和、运输、浇筑[2]、振捣，得出最优的参数。

（4）高边墙饰面混凝土施工不设置拉筋，减少对外观二次的修复和破坏。

（5）摒弃蝉缝，设置明缝条，直接利用模板拼缝处作为明缝位置，达到内实外美的免装修效果。

（6）对混凝土表面进行耐久性保护喷涂，能达到防水、防污渍及水渍；防潮湿和腐化；防尘、减低油污渗

入。喷涂后不会改变混凝土浇筑成型后的原始状态颜色及组织结构。

3 主要创新点

饰面免装修清水混凝土施工技术[3]与常规清水混凝土相比较，常规清水混凝土不设假眼、明缝、蝉缝等，浇筑成型后外观立体感不强，施工完成后还需对表面拉筋孔眼进行修复处理及修饰，而饰面清水混凝土的表面颜色基本一致，施工完成后色泽均匀、美观、无需装修，该技术总结出以下技术创新点：

（1）高边墙不设拉筋，采用满堂脚手架支撑体系，结构安全。为防止拉筋孔在混凝土振捣施工中漏浆造成混凝土成型质量较差的表观质量问题，饰面免装修清水混凝土施工时，高边墙不设拉筋孔施工。其特点是：既保证了施工安全，又能避免对混凝土表面拉筋头修复处理和色差，从而确保混凝土外观色泽均匀，光洁平整。

（2）明缝设置合理，外表美观，立体感强。为解决模板间拼缝不严密造成的表观质量通病[4-6]，饰面清水混凝土施工期间直接利用钢模板拼缝处作为明缝的位置，采用工业橡胶为材质将明缝条设计成"蝌蚪形"以使明缝条的尾部可以直接夹紧固定在模板拼缝之间且不漏浆。其特点是：直接利用模板拼缝处作为明缝位置，摒弃蝉缝，外表更美观；明缝条安装简便，无需破坏模板，模板周转率高；明缝条与模板分开拆除，施工功效高，不易损坏明缝，成型质量好，明缝规则，横平竖直，立体感强。

（3）混凝土表面耐久性保护剂选型优越。饰面免装修清水混凝土在分区域施工完成后，需要适时进行保护，采用永凝无机硅渗透液喷涂保护施工。其特点是：施工快速简便，环保性优异，对环境无危害，可在潮湿基面使用，喷涂后使混凝土表面形成屏障，达到防水、防污渍及水渍；防潮湿和腐化；除尘、减低油污渗入。喷涂后不会改变混凝土浇筑成型后的原始状态颜色及组织结构。

4 关键步骤及浇筑工艺控制

4.1 模板设计原则

与常规混凝土相比，本施工技术模板设计优先考虑构件结构特性，根据不同特性的构件设计不同的模板方案，厂房高边墙以及蜗壳层、水轮机层、柱结构的模板，均采用定型全新钢模；所有梁及楼板模板采用WISA木模板。不同结构物模板设计见表1。

表1 不同结构物混凝土模板设计

工程部位	模板材质	模板规格尺寸 （长×宽×厚）/mm	备注
高边墙	全新钢模	1500×1200×55	
柱子	圆弧倒角定型钢模	1200×1200×55	
机墩	弧形定型钢模	1500×1200×85	
风罩	弧形定型钢模	3850×1200×85	
板、梁	WISA木模板	2440×1220×18	

每仓混凝土施工前仓面设计对模板支撑加固形式进行设计验算，根据仓面设计加工模板。配板设计的一般原则：混凝土模板设计分块、排列规律整齐，几何尺寸精确，模板互换性好，面板平整光洁；应保持在一条直线上，即竖向上下通缝，遇孔洞需要开孔的模板，一经开孔后，不得重复使用。

4.2 模板拼装要点

4.2.1 梁模板拼装

梁一类型的模板在加工安装时首先应将模板切割成符合梁两个侧面及底模尺寸的模板，为保证梁直角漂亮美观，采用在模板90°角结合处安装塑料圆角条，使混凝土转角顺直圆滑同时保护模板边角。考虑安装时只能将角条固定在转角的一块模板上，所以角条设计为91°，提供一定的预紧力保证合模时与另一块模板紧密结合不漏浆。梁底模板浇筑成型后形成一个圆弧形倒角（图2）。

图2 梁底浇筑成型效果

4.2.2 楼板木模拼装

由于受柱、纵横向梁、预留孔洞及机墩风罩墙的影响，其立模面积往往极不规则，各相对独立区域的板面面积各异，因此楼板模板拼装时应根据各板面规格尺寸，首先考虑采用标准板（2440mm×1220mm×18mm）从一侧往另外一侧拼装，最后预留的小块边角区域采用现场切割的拼接块拼接。

模板加工平台必须平整、洁净、干燥；为了取得最好的边缘切割效果，防止模板切割边起毛、破损，模板拼缝采用玻璃胶或双面胶进行封堵。确保模板间拼缝严密不漏浆，楼板模板安装完成后，用清水将表面冲洗干净。

4.2.3 柱、高边墙、机墩定型模板拼装

全新定型钢模板拼装，按照低处往高处一次校正安装，模板与模板间拼缝安装"蝌蚪形"明缝条，并固定稳固，拼缝处理方法同梁板模板处理方式一致。

4.3 防漏浆处理

4.3.1 根部防漏浆措施

在立模前，在模板下口位置采用1：2水泥砂浆做砂浆条带找平，顶面收光，安装模板时，在砂浆与模板下口之间增加泡沫双面胶，必要时可设两层泡沫双面胶。模板安装完成后，开仓前一天，采用1：2水泥砂浆封堵模板及枋木底脚。

4.3.2 模板接缝防漏浆措施

模板的纵向、横向接缝处均采用泡沫双面胶，局部填塞泡沫胶的止浆方式，防止漏浆。

4.3.3 分仓线位置的防漏浆措施

第二层以上的分层线防漏浆措施。混凝土收仓后，及时对仓面顶边口部位3～5cm宽度范围内的混凝土切平，保证在同一水平面上，同时对周边上口进行打磨平整。模板安装前，在上口部位四周粘贴泡沫双面胶，再合模，使模板紧贴双面胶。

4.4 成品临时保护处理

4.4.1 边墙混凝土成品保护方法

先采用塑料薄膜将整个边墙进行覆盖，防止上层浇筑浆液流下形成挂帘，通过提前洒水养护使塑料薄膜与墙面贴紧，同时起到养护作用。然后在塑料薄膜外侧包裹一层复合型土工布，主要作用是保护塑料薄膜。边墙2m以下位置用ϕ48钢管搭设成门型架，用来挂设泡沫板。轻质泡沫板两侧应附着塑料硬壳，起到防止硬物撞击作用。

4.4.2 柱混凝土保护方法

柱混凝土浇筑完成后，用塑料薄膜和土工布从四周将柱子围住，薄膜在内侧，复合型土工布在外侧，并用10号铁丝在柱子靠上位置箍紧塑料薄膜和土工布。柱子2m部位以下用泡沫彩钢板围住，并用ϕ48钢管作为围檩。浇筑上层混凝土时用双面胶将塑料薄膜粘牢，双面胶粘贴必须密实。

4.5 混凝土永久保护

饰面免装修混凝土浇筑完成后，结合现场实际情况，及时做好耐久性喷涂施工，具体步骤为：基面清理；保护剂喷涂：喷永凝液DPS一道→24h后再喷DPS一道→48h后再喷永凝液TS一遍。最后自然养护7d。

喷涂施工细节处理如下：

（1）对于平面与立面之间的交接处，喷涂150mm的搭接层。在水平面上，每次喷涂应与前次喷涂面形成搭接。在垂直表面上，如果溶液往下流，喷嘴在表面上的运动应加快进行，使整个区域盖满，再以同样的覆盖率进行一次。

（2）永凝液的渗入会将混凝土内的杂质如油脂、酸、过多的碱、盐等释出表面，可直接用水冲刷直到杂质被洗掉为止。

（3）施工区域环境温度在5～35℃之间，混凝土表面温度不低于2℃，相对湿度在10％～90％之间。尽量不要在强太阳、狂风或恶劣天气下施工，如果要在强太阳下施工或在施工面温度接近上限温度时，则应将表面喷水降温，然后再施喷混凝土永凝液，防止溶液在渗透进混凝土前变干。

4.6 混凝土浇筑技术控制

4.6.1 混凝土拌制控制

（1）混凝土的原材料应有足够的存储量，同一视觉范围内的混凝土原材料的颜色和技术参数宜一致。

（2）宜选用强度不低于42.5等级的硅酸盐水泥、普通硅酸盐水泥。同一工程的水泥宜为同一厂家、同一品种、同一强度等级。

（3）粗骨料应连续级配良好、颜色均匀、洁净，含泥量小于1％，泥块含量为0，针片状颗粒不大于15％。

（4）混凝土搅拌时间应控制在90s。坍落度严格控制在（120±20）mm范围内。

4.6.2 混凝土的接缝处理

混凝土开仓前，应保证老混凝土面处于湿润状态，在层面铺设2～3cm厚的接缝砂浆。为减少砂浆与混凝土的色差，砂浆配合比须提前精心配制，成型后与混凝土的表观颜色相当，砂浆稠度应严格控制，不宜大于混凝土坍落度。

4.6.3 混凝土入仓及振捣

混凝土可采用吊罐配合溜槽、溜筒、泵送等方式入仓。

（1）铺料厚度控制：第一层铺料厚度以30～50cm为宜，第二层、第三层铺料控制在50cm。

（2）振捣器配置：根据仓面面积及板梁柱尺寸配置直径为50～80mm插入式的低频振捣器和高频振捣器。

（3）振捣：采取复合振捣方式进行振捣，确保振捣密实，气泡能充分排出。振捣时间控制：先低频40～50s，再在距模板边15cm左右处高频25s。振捣间距：50cm以内，距模板边在15cm左右。每仓混凝土最后一层：采用二次振捣，30min后低频20s＋高频15s。

5 研究后取得的技术成果

（1）经查新，在国内电站地下厂房混凝土施工中[7]大

规模、大面积采用饰面免装修清水混凝土施工工艺，浇筑后外观色泽均匀，光洁平整，构件尺寸精准，内实外美，可达到免装修效果等特点。

（2）本项目饰面免装修清水混凝土的明缝施工工艺是采用工业橡胶为材质设计成截面"蝌蚪形"的明缝条。

（3）高边墙和柱子表面均无对拉螺栓孔眼、假眼等，摒弃蝉缝，立体感强。

该施工技术的研究成果经电建专家评审，施工技术水平达到国内领先水平，现已申报国家专利3项，其中1项名为《一种全钢模板饰面清水混凝土明缝条》，于2016年12月7日获得国家实用新型专利授权；其余2项分别名为《一种全钢模板饰面清水混凝土明缝条及其明缝的施工方法》《一种清水混凝土耐久性保护施工方法》，都获得发明专利受理通知书。

6 小结

通过探索及总结，不断改进模板、振捣、脱模剂、成品防护等施工工艺，采用"高边墙不设拉筋，合理设置明缝，无机硅渗透液喷涂保护"等技术措施，成功摸索出了一套地下厂房饰面免装修清水混凝土施工技术，并首次在地下厂房结构混凝土施工中成功大面积应用。

该饰面免装修清水混凝土施工技术实施后，混凝土外观色泽均匀，光洁平整，立体感强，饰面效果好，节省了装修工期与装修费用，可为大型地下厂房外露面免装修清水混凝土浇筑施工提供经验借鉴[8]，具有广泛的推广应用价值。

参 考 文 献

[1] 张俊玲. 浅谈清水混凝土施工要点控制 [J]. 公路交通科技：应用技术版，2011 (S1)：108 – 111.

[2] 杨文旻，谈一评. 浅谈清水混凝土 [J]. 工业建筑，2009，0 (S1)：893 – 896.

[3] 俞海勇，王琼，李春霞. 清水混凝土的技术特点和应用前景 [J]. 上海建设科技，2008 (5)：69 – 70.

[4] 李林洁. 浅谈清水混凝土的推广应用 [J]. 中小企业管理与科技，2009 (36)：168.

[5] 贾国盛. 清水混凝土施工技术的探讨与应用 [J]. 企业技术开发：中旬刊，2013，32 (2)：132 – 133.

[6] 周苋东，张少兵，王军琪. 清水混凝土外观质量控制及治理措施研究 [J]. 水利与建筑工程学报，2012，10 (4)：50 – 54.

[7] 董佩红. 清水混凝土发展与应用 [J]. 科技与企业，2015，0 (4)：181.

[8] 赵阳. 浅谈混凝土施工技术在水利工程中的应用 [J]. 河南水利与南水北调，2015 (18)：7 – 8.

浅谈储油洞罐竖井密封塞混凝土施工工艺

谭森桂　金耀科/中国水利水电第十四工程局有限公司

【摘　要】　本文简要介绍了地下洞室工艺竖井密封塞混凝土的浇筑方法和施工流程，包括施工布置、模板、钢筋及管道安装、基岩面处理和混凝土浇筑。

【关键词】　密封塞　混凝土　分层　浇筑　灌浆

1　概述

由水电十四局负责施工的某地下储油洞罐工艺竖井布置在洞库各主洞室外切主洞室边墙处，分进、出油工艺竖井，在8号、9号出油工艺竖井高程为−18.00～−22.00m处设置竖井密封塞，密封塞底部与底板垂直距离为38.0m；在7号进油工艺竖井高程为−16.00～−12.00m处设置竖井密封塞，密密封塞底部与底板垂直距离为44m；在10号进油工艺竖井高程为−18.00～−22.00m处设置竖井密封塞，密封塞底部与底板垂直距离为38m。竖井密封塞为圆形断面，最大断面半径为3.7m，最小断面半径为2.5m，整个密封塞分三层浇筑，总浇筑厚度为4m。

2　工程施工布置

工艺竖井密封塞混凝土主要施工道路为：拌和楼→进场道路→交通隧道→后山进库道路→工艺竖井口。利用绞车和吊笼进行竖井内人员上下交通，利用吊车进行竖井内材料吊运。

工艺竖井密封塞混凝土施工用水主要通过PE管与后山已经布置的消防系统水管连接，提供到各个工作面，主要为清理仓面及养护用水；施工用电主要利用后山竖井安装施工期间布置的线路引线到各施工竖井口的开关柜，用电主要为混凝土振捣及照明用电；施工作业时的通信主要通过电话、对讲机进行联系。

3　工艺竖井密封塞混凝土施工

3.1　总体布置

根据工艺竖井密封塞特点以及结合现场实际情况，底板钢模板按照设计图纸铺设，模板与进、出油钢管及岩壁间的缝隙用环氧胶泥封堵，按设计图纸安装钢筋，钢筋采用绑扎搭接连接，先利用25t汽车吊吊运结构钢筋至密封塞工作面，再利用竖井钢结构安装期间布置的绞车提升人员至工作面，混凝土采用直径为8寸（1寸≈3.33cm）、壁厚8mm的溜管，溜管配弯管作为缓降器入仓，溜管间用法兰连接，用φ16钢筋焊接牢固后与工艺竖井内支撑架固定牢靠，在仓面验收合格后开始浇筑混凝土，混凝土设计强度等级为C30/P8，分三层浇筑。浇筑完一层混凝土，养护4d后凿毛，渣料利用25t汽车吊吊出竖井外，清洗干净仓面后待验收合格后方可开仓浇筑下一层混凝土。

3.2　混凝土分层浇筑

按照设计图纸要求，每个工艺竖井密封塞混凝土分3层施工，第一层层高为1.1m，第二层层高为1.5m，第三层层高为1.4m，见图1。

3.3　缝面、基岩面处理

工艺竖井钢筋绑扎前，清除密封塞范围内的松动岩石，用压力水冲洗干净并排干积水。层间混凝土施工缝人工凿毛，凿毛深度5～10mm，清除缝面表面浮浆和松散物料，大部分露出粗骨料，渣料用25t汽车吊吊运出竖井外，缝面用30～50MPa压力水冲洗干净，保持清

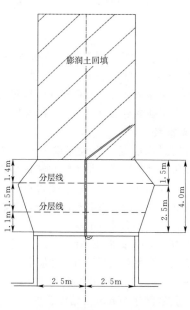

图1 密封塞混凝土浇筑分层

洁、湿润。

3.4 模板型式及安装

工艺竖井密封塞模板主要为封塞底部模板，模板为厚度5mm花纹钢板，模板支撑系统为HN300-150×6.5×9和HN400-200×8×13的型钢支架，按照设计图纸组装焊接，模板与模板、岩面、进出油管间的缝隙用环氧胶泥封堵密实，防止混凝土渗漏及浆污染管道。

3.5 钢筋制作安装

钢筋加工及运输：根据设计图纸及竖井内钢结构空间大小情况进行钢筋下料，钢筋加工厂按钢筋下料单加工，其加工精度应满足设计图纸及施工规范要求。加工成形的钢筋用8t汽车运到工艺竖井井口，按钢筋序号有规律的堆放。由于井壁布置进、出油管，管道加固型钢结构等障碍物多，并且属于高空作业，吊运钢筋时应捆紧，防止钢筋在空中滑落，检查无误后方可进行吊运工作。

钢筋安装：按照设计图纸及现场情况焊接好测量放样架、焊接架立筋，按设计图纸进行钢筋绑扎，采用粉笔或其他工具按设计图纸在主筋上将分布筋间距标识清楚，以便进行分布筋绑扎。钢筋安装按"先外后内，先低后高，层次清晰，相互配合"的原则进行。钢筋接头采用搭接绑扎连接形式连接，搭接长度不小于35d，搭接接头错开1.3倍搭接范围，钢筋绑扎采用18号铅丝在钢筋搭接处全部绑扎，绑扎完成后，安装预埋件。钢筋绑扎时先核对成品钢筋的型号、直径、形状、尺寸和数量等是否与料单料牌相符，如有错漏，应及时纠正增补。

3.6 灌浆管、排水管安装

按照设计图纸要求，在密封塞底板模板以上0.8m、2.5m处各预埋一排14根φ50，$L=4.5$m接触灌浆铁管，预埋管一般在钢筋安装完成后进行，安装灌浆管前，在灌浆管与岩壁接触位置用YT28手风钻造孔，孔径为51mm，孔深为0.2m，灌浆管伸入到孔内不小于0.1m，孔口四周用水泥砂浆封堵，防止混凝土浇筑封堵住孔口，影响注浆效果，灌浆管与钢筋绑扎牢固，灌浆管引出至混凝土面，管口用彩条布绑扎封堵密实，在混凝土浇筑中注意保护，并在孔口标识预埋管编号。

在工艺竖井密封塞中心预埋一根φ100排水铁管，铁管穿过底模板，在底模板下部制作成U形，便于浇筑完成后封堵排水管。排水管焊接连接，第一节高度1.5m，第二节高度2.0m，第三节高度2.0m，共5.5m高，在混凝土浇筑中，加强对排水管保护，避免排水管被混凝土封堵。

3.7 混凝土浇筑

3.7.1 骨料配合比及运输

混凝土由巷道口ZL50拌和楼按某检验有限公司提供配合比进行配料拌制，混凝土为强度30MPa、抗渗级别为8级的混凝土，骨料配合比为：水：水泥：河沙：石子（5～10mm）：石子（10～20mm）：粉煤灰：防水剂＝1.00：1.78：4.55：1.88：4.40：0.45：0.03，由9m³混凝土搅拌车经过厂区交通隧道、后山进库道路运至各工艺竖井井口。

3.7.2 混凝土入仓

混凝土入仓方式采用溜管入仓（图2），溜管为8寸钢管、壁厚8mm，6m为一节，溜管上部受料漏斗用8mm厚钢板焊制，受料斗用钢架平台固定于井口上，入口处用φ12钢筋焊成5cm×5cm的格筛网，防止超径块进入，溜管节与节之间用法兰连接，溜管每隔18m设置弯管作为缓降装置，防止混凝土骨料分离，混凝土溜管最后一节为流沙管（流沙管：内层采用聚氨酯橡胶和其他复合橡胶为主要原料，并加入特殊补强剂，承压层采用优质纤维布或化纤布作增强层，骨架层采用高强力镀铜弹簧钢丝，外胶层采用天然橡胶和复合橡胶等，耐磨损，抗氧化，使用寿命长且直观效果好），溜管与流沙管嵌套并用φ8钢筋加固，流沙管长度与竖井直径相等，便于移动及调整入仓位置，均匀下料。混凝土入仓下落高度不大于2.0m，严禁混凝土直接冲击钢模；按对称方式均匀下料，混凝土入仓后，浇筑层厚度控制在30～40cm，薄层缓慢上升，必须由经过培训合格的混凝土工进行平仓和振捣，人工完成平仓工序，仓内若有粗骨料堆叠时，应将骨料均匀地散布于砂浆较多处，但不得直接用水泥砂浆覆盖，以免造成内部蜂窝。

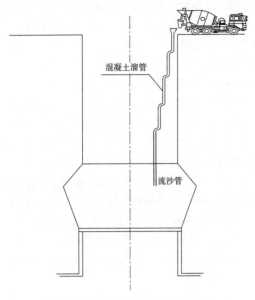

混凝土溜管

流沙管

图2　工艺竖井密封塞混凝土溜管布置

3.7.3　混凝土振捣

混凝土振捣采用插入式 $\phi50$ 软轴式振捣器，平仓和振捣两道工序应有层次地分别进行，严禁以振捣代替平仓进行作业，每一位置的振捣时间长短以混凝土不再显著下沉，不再有大量气泡出现及开始泛浆时为准，振捣器宜垂直插入混凝土中，按顺序依次振捣，如略带倾斜，则振捣过程中倾斜方向应保持一致，以免漏振，振捣器前后两次插入混凝土中的间距应不超过振捣器有效半径的 1.5 倍（一般为 50～70cm），不应小于振捣器有效半径的 1/2，并不得直接与钢筋及预埋件等接触，头部不得触及模板或老混凝土面，但相距不超过 10cm，振捣上层混凝土时，应将振捣器插入下层混凝土 5～10cm，以加强上下层混凝土的结合。浇筑时，若发现混凝土和易性较差，应采取加强振捣或将混凝土料拉回拌和楼加砂浆的办法加以处理，不合格的混凝土严禁入仓，混凝土浇筑期间，若仓内有泌水必须及时从排水管排除，但不能在排水过程中带走灰浆，浇筑作业如因故间歇时间超过 1.5h，且振捣时振动棒周围 10cm 内不能

泛浆；混凝土不能重塑时，应停止浇筑，按施工缝处理。

3.7.4　分层

在浇筑第二层、第三层混凝土前都必须在第一层、第二层老混凝土面上铺一层 2～3cm 厚的水泥砂浆，保证新老混凝土能够结合良好。在竖井密封塞混凝土浇筑完成后，用水泥砂浆封堵密封塞内的排水管。

3.7.5　接触灌浆

在竖井密封塞混凝土浇筑完成 28d 后进行接触灌浆，接触灌浆管材为钢管，每个竖井密封塞的接触注浆管布置为：$\phi25$，$L=4.5m$，共 14 根为两组。灌浆顺序为先灌高程低的孔，后灌浆高程高的孔，灌浆压力控制在 0.5～0.8MPa，灌浆水灰比采用 3∶1、2∶1、1∶1、0.5∶1 四个比级，在灌浆孔不漏风时，采用 0.5∶1 水灰比直接灌注，在灌浆孔漏风时，开灌水灰比 3∶1，逐级变浓，在 0.5∶1 水灰比灌注条件下，注入率不大于 0.4L/min，持续灌注 20min 可结束灌浆。

3.7.6　注意事项

（1）混凝土的生产及原材料的质量应满足规范和技术条款要求。

（2）混凝土在从井口到井下浇筑面的下放过程中的缓降速度应满足要求，避免混凝土骨料的离析。

（3）浇筑混凝土时，严禁在途中和仓内加水，以保证混凝土质量。

（4）浇入仓内的混凝土，应注意平仓振捣，不得堆积，严禁滚浇，严禁用振捣器代替平仓。

（5）认真平仓，防止骨料分离，注意层间结合，加强振捣，确保连续浇筑，防止出现冷缝。

4　结语

工艺竖井密封塞混凝土施工作为地下石油洞库建设中重要的一个环节，其施工过程必须严格地进行把控，必须做好质量、安全及环保工作。在施工期间对于不满足施工要求的做法要及时进行整改直至满足施工要求；另外必须重视现场施工质量的监督检查，保证混凝土的浇筑和养护质量。

自密实混凝土在蓄能电站水道平洞施工中的应用

李　辉/中国水利水电第十四工程局有限公司

【摘　要】　自密实混凝土的自流动和免振捣特性能有效克服操作空间狭小问题，在隧洞顶拱混凝土衬砌施工中，采用"普通泵送混凝土＋自密实混凝土"的复合浇筑方法，能充分利用浇筑过程下部普通混凝土自身的支撑力，有效提高隧洞顶拱衬砌混凝土浇筑饱满度和密实度，减少顶拱回填灌浆耗量，提高了结构永久质量。

【关键词】　自密实混凝土　蓄能电站　平洞　施工

1　引言

自密实混凝土（self‐compacting concrete，SCC）是指具有高流动性、不离析、均匀性和稳定性，浇筑时依靠自重流动，无需振捣而达到密实的混凝土[1]。在难以振捣的部位采用自密实混凝土，可以大大加快施工速度，减小劳动强度，降低噪声污染，并可避免由于混凝土振捣不足而引起的质量事故[2]。我国自密实混凝土的研究及应用相对较晚，但近几年得到迅速的发展，应用领域也进一步拓展，从房屋建筑扩大到水利、桥梁、隧道等大型工程。

国内电站水道平洞钢筋混凝土衬砌多采用普通泵送混凝土浇筑施工，由于普通泵送混凝土流动性有限、衬砌厚度有限、结构钢筋和混凝土导管占用部分空间，致使顶拱120°范围内的浇筑空间狭小，混凝土难以振捣密实和浇筑饱满，极易出现顶部空腔，后期水泥回填灌浆耗量大，存在一定质量隐患。

2　工程概况

广东清远抽水蓄能电站，位于广东省清远市的清新县太平镇境内，与广州直线距离约75km。电站装机4×320MW，总容量1280MW，最高净水头502.70m。枢纽建筑物由上水库、下水库、输水系统、地下厂房洞室群、开关站及永久公路等组成。

水道系统建筑物包括：上库进出水口、下库进出水口、上库闸门井、下库闸门井、输水隧洞、尾水调压井及尾调通气洞等。采用首部式的开发方式，水道系统采用1管4机的供水方式，设置尾水调压室系统。水道系统纵剖面采用一级竖井加一级斜井的方案。水道系统水道衬砌型式，除引水支管、尾水支管采用埋藏式压力钢管外，其余均采用钢筋混凝土衬砌。

其中，引水岔管位于输水隧道Y1＋560.729～Y1＋629.617桩号，总长68.888m，由三个卜形岔管和一个变径管组成，上游接下平洞，下游以三个卜形分岔分成四条引水钢支管。下平洞位于输水隧道Y1＋380.874～Y1＋560.729，全长179.855m，桩号Y1＋380.874～1＋389.874隧洞为渐变段，桩号Y1＋389.874～Y1＋464.684隧洞为平洞段，其余隧洞纵坡为0.2%。

为提高隧洞衬砌结构的永久质量，在高压水道引水岔管、下平洞的钢筋混凝土顶拱衬砌施工中，采用"普通泵送混凝土＋自密实混凝土"的复合浇筑方法，即先采用普通泵送混凝土浇筑至振捣操作空间无法振捣时，紧跟着采用同强度等级或提高一个强度等级的自密实混凝土浇筑。

3　混凝土配合比试验

以引水岔管为基准进行自密实混凝土配合比设计，确定复合浇筑施工工艺的可行性，最终在引水岔管、下平洞进行应用。

3.1　设计指标的选取

引水岔管强度等级C30，抗渗等级W10，抗冻等级F100。混凝土衬砌厚度为80cm，双层钢筋布置，引水岔管钢筋的最小净间距为75mm，顶拱120°范围回填灌浆。根据CECS 203：2006《自密实混凝土应用技术规程》相关要求，采用自密实性能等级二级，即U形箱试验填充高度 320mm 以上（格栅型障碍 2 型）、坍落扩展度 650mm±50mm、扩展时间 T500 为 3～20s、V 形漏斗通过时间 7～25s。

3.2 试验原材料

结合工程原材料实际使用情况，为了便于原材料质量管控，避免两种混凝土的原材料发生排斥现象，选取与普通混凝土一致的原材料作为自密实混凝土用原材料。

水泥采用广州越堡水泥厂生产的"金羊"牌 P·O 42.5 普通硅酸盐水泥，表观密度 3100kg/m³。细骨料采用龙湾工区主储料场的天然河砂，细度模数 2.7，表观密度 2550kg/m³。粗骨料采用清蓄电站碎石厂生产的 5～20mm 人工碎石，堆积密度 1420kg/m³，表观密度 2640kg/m³，含泥量不大于 1.0%、泥块含量不大于 0.5%、针片状颗粒含量不大于 8.0%。

掺合料采用广州运宏粉煤灰综合开发有限公司生产的Ⅰ级粉煤灰，表观密度 2300kg/m³。

减水剂采用马贝建筑材料（上海）有限公司生产的 SR3 聚羧酸系高性能减水剂，减水率达 25%，与水泥的相容性好，且掺配了一定的缓凝剂、稳定剂，使混凝土在较低水胶比下仍可以获得长时间坍落度零损失的性能。

3.3 配合比设计

在保证强度的基础上，按工作性要求设计自密实混凝土的原则，采用固定砂石体积含量的计算方法进行自密实混凝土配合比设计[3-4]。

假定每立方米混凝土中碎石（5～20mm）用量的堆积体积为 0.55m³，砂浆中砂石体积含量为 43%，水胶比为 0.38，粉煤灰体积掺量为 31%。计算得出：胶凝材料总量为 550kg，粉煤灰掺量为 25%，每立方米混凝土中各种材料用量为水 208kg、水泥 412kg、粉煤灰 138kg、砂 772kg、碎石（5～20mm）781kg。减水剂用量取推荐掺量上限值，以不泌水为准，即 5.5kg。

根据每立方米混凝土中各种材料计算用量，进行室内拌和试验，试验成果见表 1。

表 1　　　　　　　　　　　　　自密实混凝土拌和试验成果

自密实性能				实测表观密度/(kg/m³)	抗压强度/MPa			抗渗性能	抗冻性能
坍落扩展度/mm	扩展时间 T500/s	V 形漏斗通过时间/s	U 形箱填充高度/mm		3d	7d	28d		
685	7.5	8	355	2280	22.0	30.9	39.7	>W26	>F300

注　混凝土在试验抗渗压力为 2.6MPa 时，平均渗水高度 4.2cm；混凝土经 300 次冻融循环后，质量损失率 0.58%，相对弹性模量值 98.2%。

（1）根据自密实混凝土拌和试验成果，可以看出其流动性、抗离析性、自填充性均能很好地满足自密实性能等级二级要求；抗压强度、抗渗性能、抗冻性能均满足设计要求。

（2）混凝土实测表观密度值与计算值之差的绝对值为（2311－2280）/2311×100%＝1.34%＜2%，故按照计算的配合比可以初步确定。

3.4 自密实混凝土与普通泵送混凝土的对比试验

普通泵送混凝土与自密实混凝土的结合部在顶拱衬砌施工中不振捣，为防止结合部出现受力薄弱区，须保证两种混凝土结合面黏结牢固，故选取引水岔管已经确定的普通泵送混凝土（其施工配合比见表 2）与上述自密实混凝土进行对比试验。

表 2　　普通泵送混凝土施工配合比

水胶比	砂率/%	设计密度/(kg/m³)	材料用量/(kg/m³)						
			水	水泥	粉煤灰	减水剂	砂	碎石	
								5～20mm	20～40mm
0.43	41	2380	155	299	61+23	2.52	742	495	605

注　普通泵送混凝土为 C30W10F100 二级配；设计坍落度为 120～140mm；粉煤灰掺量（17%＋3%），其中 17% 为取代水泥，3% 为取代砂，即 61+23=84（kg/m³）。

（1）凝结时间对比试验。普通泵送混凝土的初凝时间 $t_s=6h5min$、终凝时间 $t_e=11h5min$；自密实混凝土的初凝时间 $t_s=6h40min$，终凝时间 $t_e=11h50min$。两种混凝土凝结时间相近，不会因凝结时间差过大而出现冷缝。

（2）劈裂抗拉强度试验。采用两种方法成型试件进行劈裂抗拉强度对比试验：①全部采用普通泵送混凝土振动成型的标准立方体试件，测得其 28d 劈裂抗拉强度为 3.10MPa；②成型时先将普通泵送混凝土振动成型至标准立方体试件 1/2 深处，然后在其上方装满自密实混凝土，不振捣。劈裂抗拉受力方向与两种混凝土的结合面一致，测得其 28d 劈裂抗拉强度为 2.35MPa。

经比较可认为自密实混凝土与普通泵送混凝土的结合面黏结牢固。

3.5 确定自密实混凝土施工配合比

根据拌和试验成果、自密实混凝土与普通泵送混凝土的对比试验成果，其力学性能、耐久性能、工作性能均满足设计要求，自密实混凝土与普通泵送混凝土的结合面黏结牢固。因此，采取"普通泵送混凝土＋自密实混凝土"的复合浇筑方法是可行的，故确定自密实混凝土施工配合比见表 3。

表3　　　　自密实混凝土施工配合比

水胶比	砂率/%	设计密度/(kg/m³)	材料用量/(kg/m³)					
			水	水泥	粉煤灰	减水剂	砂	碎石 5～20mm
0.38	49.7	2311	208	412	137	5.5	772	781

4 自密实混凝土施工与控制要点

4.1 施工程序

引水岔管、下平洞混凝土衬砌分为底拱110°和边顶拱250°浇筑，其中顶拱120°范围采用自密实混凝土，均采用泵送入仓。

底拱110°范围采用普通混凝土浇筑，由两侧均匀下料，振捣适中，混凝土浇筑完成后，在初凝时拆除模板立即进行人工抹面。

顶拱250°范围混凝土浇筑时，混凝土导管从顶拱水平或靠堵头设置冲天管进入仓内，并设置排气管从堵头模板引出。混凝土导管从顶拱水平进入仓内时用弯管向两边分叉，仓内导管采用1m短管，以便拆装，混凝土溜筒或软管挂至距已浇混凝土面1.5m以内，下料时两侧均匀下料。开仓浇筑时首先在旧浇混凝土上铺一层3～5cm厚的富浆混凝土，然后分层浇筑混凝土，待混凝土上升到顶拱120°范围，混凝土须完全覆盖内层钢筋后人工无法振捣时，封闭堵头模板，立即采用自密实混凝土进行浇筑。当排气管开始溢出水泥浆，方可停止泵送。

4.2 模板施工

自密实混凝土流动性大，屈服值低，几乎没有支撑自重的能力，浇筑过程中下部的模板所承受的侧向压力会随着浇筑高度增长而线性增加[3]。当采用"普通泵送混凝土＋自密实混凝土"的复合浇筑方法进行隧洞顶拱衬砌，能充分利用浇筑过程下部普通混凝土自身的支撑力，但是模板及其支架设计时应考虑新浇混凝土对模板的最大侧压力，特别是堵头模板拼装必须紧密，不得漏浆。

4.3 拌制与运输

（1）自密实混凝土的胶凝材料总量多，需要适当延长搅拌时间，使原料充分混合，其净搅拌时间不宜低于90s。

（2）原材料称量允许偏差：水泥、掺合料、水、外加剂溶液允许偏差±1%，骨料允许偏差±2%。

（3）自密实混凝土运输采用的混凝土搅拌车，应采取防晒、防雨措施。运输车在接料前应将车内残余的混凝土清洗干净，并应将车内积水排尽。

（4）自密实混凝土运输过程中，搅拌运输车的滚筒应保持匀速转动，速度控制在3～5r/min，防止出现"假凝"现象。严禁向车内加水。

（5）根据待浇混凝土的实际情况对自密实混凝土的生产速度、运输时间及浇筑速度进行协调，确保自密实混凝土拌和物的分送与浇筑在其工作性保持期内完成。

4.4 卸料与入仓

（1）卸料前，搅拌运输车罐体应高速旋转60～90s，以充分利用拌和物的工作性能。

（2）自密实混凝土应低压慢速泵送入仓，但必须保持混凝土浇筑的连续性。如停泵时间过长，自密实混凝土性能变差，必须对泵管内的混凝土进行处理。

（3）根据现场场地条件，应尽量缩短混凝土导管长度，宜控制在30～50m。自密实混凝土在仓内的卸料点距仓面边缘不应超过7m。

（4）试验人员须全程跟踪旁站自密实混凝土浇筑，发现问题及时处理。

5 自密实混凝土运用效果

5.1 强度检测

在现场仓面制取自密实混凝土试样，同条件养护28d，其抗压强度平均值为37.2MPa，劈裂抗拉强度平均值2.52MPa。

在顶拱沿洞轴线进行钻孔取芯，芯样柱面光滑密实，普通混凝土与自密实混凝土结合部无分层情况。

5.2 回填灌浆耗量对比

水道平洞在衬砌混凝土完成后，均对顶拱120°范围进行回填灌浆，灌注采用纯压式进行，回填灌浆压力0.50MPa，主要目的是回填顶部空腔。因此，回填灌浆耗量从侧面反映了混凝土衬砌的饱满度。引水岔管全部采用"普通泵送混凝土＋自密实混凝土"的复合浇筑方法，Ⅰ序、Ⅱ序回填灌浆耗浆量平均值分别为4.3L/m²、1.0L/m²。下平洞分段采用复合浇筑方法，采用复合浇筑时，Ⅰ序、Ⅱ序回填灌浆耗浆量平均值分别为6.1L/m²、2.1L/m²；全部采用普通混凝土时，Ⅰ序、Ⅱ序回填灌浆耗浆量平均值分别为37.1L/m²、10.8L/m²。

可见，采用自密实混凝土时的回填灌浆耗浆量可控制在10L/m²以内，且仅为采用普通混凝土时的回填灌浆每平方米耗浆量的20%以内。

6 结语

清远抽水蓄能电站引水岔管、下平洞顶拱混凝土衬砌施工中，采用"普通泵送混凝土＋自密实混凝土"的复合浇筑方法，通过自密实混凝土的配合比设计及其施工质量控制，总结如下：

（1）采用二元胶凝材，以固定砂石体积含量的方法进行自密实混凝土配合比设计是合适的。

（2）自密实混凝土的抗渗性能和抗冻性能较常规混凝土更优越。

（3）自密实混凝土的自流动和免振捣特性能有效克服操作空间狭小问题，在隧洞顶拱混凝土衬砌施工中，采用"普通泵送混凝土＋自密实混凝土"的复合浇筑方法，能充分利用浇筑过程下部普通混凝土自身的支撑力，有效提高隧洞顶拱衬砌混凝土浇筑饱满度和密实度，减少顶拱回填灌浆耗量，提高了结构永久质量。

参 考 文 献

［1］ 中国建筑标准设计研究院，清华大学．CECS 203：2006 自密实混凝土应用技术规程［S］．北京：中国计划出版社，2006．

［2］ 赫岩松，王倩晨，孟玲．自密实混凝土在蒲石河抽水蓄能电站中的应用［J］．工程施工，2012，38（5）：62－64．

［3］ 桂苗苗．国内外自密实混凝土的标准概况与比较［J］．材料导报 A：综述篇，2011，25（2）：97－100．

［4］ 张青，廉慧珍，王蓟昌．自密实高性能混凝土配合比研究与设计［J］．建筑技术，1999，30（1）：19－21．

清远蓄能电站地下厂房清水混凝土表面防护施工技术

祝永迪 李国瑞/中国水利水电第十四工程局有限公司

【摘 要】 清水混凝土是以自然质感为饰面效果，不做任何外装饰，外观自然、质朴、庄重。地下厂房混凝土尽管可以避免阳光和雨水对其产生不利影响，但在混凝土的结构施工期间，施工养护用水频繁，厂区内永久排水和通风系统未形成，其洞内昼夜温差较大、空气湿度大，致使混凝土表面潮湿，空气中的粉尘极附着在这些混凝土面上，则会在混凝土表面形成白灰色的霉斑，十分影响观感效果。机电设备安装和检修期间，会出现油污污染清水混凝面。因此，地下厂房清水混凝土的表面防护是不容忽视的。

【关键词】 地下厂房 清水混凝土 表面防护 施工

1 引言

清水混凝土是以自然质感为饰面效果[1]，不做任何外装饰，外观自然、质朴、庄重。它避免了抹灰开裂、涂料层空鼓脱落等传统装饰的弊病，节省了反复维修的成本，近年来已逐步应用于水电工程的发电厂房、边墙、排架柱等部位，其经济适用性已被大家认可。

众所周知，混凝土表面吸水率较大，在自然环境下会遭受来自紫外线侵蚀、酸雨腐蚀、油污浸染、冻融及碳化等因素的破坏，逐渐失去天然本有特色。地下厂房混凝土尽管可以避免阳光和雨水对其产生不利影响，但在混凝土的结构施工期间，施工养护用水频繁，厂区内永久排水和通风系统未形成，其洞内昼夜温差较大、空气湿度大，致使混凝土表面潮湿，空气中的粉尘极附着在这些混凝土面上，则会在混凝土表面形成白灰色的霉斑，十分影响观感效果。机电设备安装和检修期间，会出现油污污染清水混凝土的表面防护是不容忽视的。

2 工程概况

广东清远抽水蓄能电站，位于广东省清远市的清新县太平镇境内，所在区域多年平均气温21.7℃，最高气温38.9℃（2005年7月18日），最低气温−0.6℃，气候比较湿润，多年平均相对湿度约77%，最小相对湿度13%。

电站装机总容量1280MW（4×320MW），最高净水头502.7m。大（1）型工程，永久性主要水工建筑物为1级建筑物。地下厂房由主厂房、副厂房、安装间构成。其中，主厂房长108.5m，宽25.5m，高55.7m，主厂房蜗壳层至发电机层以下所有外露板梁柱、机墩、风罩以及和高边墙均要求采用饰面免装修清水混凝土施工，外露表面积为16000m²，浇筑方量为20002m³，后期不装修。混凝土设计强度均为C25（二期混凝土为C30），抗冻等级均为F100，抗渗等级分别是板梁柱W2、机墩风罩W2、蜗壳W4、墙体W6。

3 混凝土保护剂选型

3.1 选型原则

（1）DL/T 5306—2013《水电水利工程清水混凝土施工规范》第6.6.1中规定，装饰或保护清水混凝土表面的涂料应选用透明涂料，且应有防污染性、憎水性、防水性，同一视觉范围内的涂料及施工工艺应一致[1]。

（2）根据业主要求，混凝土保护剂不得改变混凝土原色，同时应具有相应的防护功能。

3.2 材料对比

主要选用有机硅和无机硅两种类型的材料进行试用，观察混凝土表面颜色、光感、潮湿基面的施工性能，并淋水检查表面防水效果，其试用效果见表1。

经过对比选择永凝液混凝土密封剂（DPS＋TS）作

为地下厂房清水混凝土保护剂。

表1 混凝土保护剂试用效果

产品名称	产品性质	产品状态	试用部位与方法	效果
深圳西蒙混凝土保护剂	有机硅	乳白色液体	蜗壳层副厂房上游游边墙的潮湿基面试涂,渗透底漆 F507 二遍+半亚光罩面漆 P601 一遍	与原混凝土颜色稍暗一些;成膜型,在混凝土表面形成一层透明保护膜,有半亚光效果;潮湿无法渗透
广州四航清水混凝土专用透明保护涂料	有机硅	乳白色液体	蜗壳层 1 号机下游边墙试涂,底漆二遍+面漆一遍	与原混凝土颜色相比稍偏白一些;渗透型,有亚光效果;渗透性较好,在无明水的基面上施工;涂刷后表面水无法进入混凝土内
广州永凝液混凝土密封剂(进口)	无机硅	无色透明液体	蜗壳层 1 号机楼梯间试涂,深层密封剂 DPS 二遍+表层密封剂 TS 一遍	与原混凝土颜色几乎一致;渗透型,不影响混凝土原有光感;渗透性好,可在潮湿基面上施工;涂刷后表面水无法进入混凝土内

3.3 材料特点及工艺机理[3]

永凝液混凝土密封剂是一种采用混凝土深层密封剂（DPS）和表面密封剂（TS）的材料复合应用系统。

利用永凝液 DPS 强大的密封功能对混凝土进行深层密封,以解决影响耐久性两个关键要素:孔隙率和游离碱(Ca^+,Na^+,Ka^+)存在问题。同时,防止水、油、盐、酸碱物质及化学物进入混凝土深层,达到强化混凝土结构,防止混凝土内部干燥点及裂缝的产生,并自行密闭混凝土后期出现的细下裂缝。

再利用永凝液 TS 进行表面密封,以解决影响耐久性的关键外部要素:水和侵蚀介质的影响。同时,它封闭物质防止渗漏,阻隔水、油、盐、酸碱物质通过混凝土表层,防止紫外线辐射及油污粉尘的污染,保持混凝土自然清新的外观,从而形成第二道屏障。

4 施工工艺及控制要点

4.1 施工工艺

(1)环境条件:施工区域环境温度在 3～35℃之间,混凝土表面温度不低于 2℃,相对湿度在 10％～90％之间。喷涂作业面不应有相邻处的粉尘污染,操作面上不应有物体遮挡,当下雨或其他水流过表面时不应施工,DPS 可直接在潮湿基面上或在密闭条件下施工。

(2)施工机具:永凝液 DPS、TS 喷涂以使用电动或背负式低压喷雾器为宜。根据承担的作业类型使用不同的工具。精细作业可用手持喷雾器(如裂缝、坑洼或面积不大的部位等)。

(3)工艺流程:基面清理(局部缺陷进行修复处理)→深层密封剂 DPS 喷涂二遍→喷涂表面密封剂 TS 一遍。

4.2 控制要点

(1)进口永凝液 DPS、TS 除应有原产地证、入关单、出厂质量证书;进入施工现场的永凝液,其桶装规格、外观质量和各项物理技术性能均应符合要求。

(2)使用前先将 DPS 及 TS 溶液贮存桶摇动数分钟,再把桶内溶液倒入低压喷雾器(如溶液有冻结情况,要待完全溶化后再使用)。用原液直接喷涂,严禁掺水稀释。

(3)新浇筑混凝土强度达到 1.2MPa 时即可进行 DPS 喷涂,垂直表面在外模拆除后即可喷涂。

(4)DPS 每遍喷涂相隔时间为 24h,在喷涂第一遍 DPS 前,以事先用水湿润达到饱和面干的状态为佳。TS 施工前基面必须保持干燥,而且最好在 DPS 施工完 7d 后使用。

(5)立面喷涂由下而上,左右喷射,使溶液充分均匀地浸透全部施工面。对于平面与立面交接处,喷涂 150mm 搭接层。在垂直表面上,如果液体往下流,喷嘴在表面上的运动应加快,使整个区域盖满,再以同样覆盖率进行一次。

(6)为使喷涂面完全饱和,要在喷涂后 15～20min 检查该区域,如发现某区域干的较快,则须重新在该区域加以喷涂。

(7)永凝液 DPS 的渗入会将混凝土内的杂质(如油

脂等）释出表面，用水冲刷干净即可。

5 质量检查与验收

5.1 护剂原材料检验

对永凝液 DPS、TS 进行见证取样检测，所检项目分别符合 JC/T 1018—2006《水性渗透型无机防水剂》、JC/T 973—2005《建筑装饰用天然石材保护剂》的标准要求，表明该材料具有良好抗渗性、耐碱性和耐酸性。检测结果分别见表 2、表 3。

表 2　永凝液 DPS 混凝土深层密封剂检测结果

检验项目	技术指标 Ⅱ型	检验结果	单项判定
外观	无色透明	无色透明、无气味	合格
密度/(g/cm³)	≥1.07	1.08	合格
pH 值	11±2	11.92	合格
黏度/s	11.0±1.0	11.8	合格
凝化时间/min　终凝	≤400	104	合格
抗渗性/渗入高度/mm	≤35	28	合格

表 3　永凝液 TS 混凝土表面密封剂检测结果

检验项目	标准要求	检验结果	单项判定
耐碱性 [Ca(OH)₂，48h]/%	≥40	57	合格
耐酸性 (1%H₂SO₄，48h)/%	≥40	60	合格
抗渗性	抗渗性试验应无水斑出现	无水斑出现	合格

5.2 外观质量检查

经处理过的混凝土表面，干爽和光滑，无明显灰尘；混凝土的原色不改变；淋水检验不具吸水性。

5.3 表层混凝土密实性

预留一块龄期超过 6 个月的已经成型混凝土墙面（避免新混凝土后期强度增长的影响）作为待测试件[2]，用回弹仪测其强度平均值，然后喷涂 DPS 二遍＋TS 一遍，7d 后再测试其回弹强度平均值，结果见表 4。回弹强度平均值增长 10.2%，表明表层混凝土密实性能得到明显提高。

表 4　混凝土回弹强度平均值对比表

项目	强度/MPa	备注
原回弹强度平均值	44.9	未处理
7d 后回弹强度平均值	49.5	DPS＋TS

6 结语

清远抽水蓄能电站地下厂房清水混凝土的表面防护施工，选用永凝液无机硅混凝土密封剂（DPS＋TS）作为保护剂是合适的。其抗渗性、耐碱性、耐酸性好，有较好的防水、防尘效果，不改变混凝土原色，能明显提高混凝土的密实性能，为混凝土及其结构提供了良好的防护作用。

参 考 文 献

[1] 中国水利水电建设股份公司，中国水利水电第五工程局有限公司 . DL/T 5306—2013 水电水利工程清水混凝土施工规范 [S]. 北京：中国电力出版社，2014.

[2] 游劲秋，章凯，孟祥森，等 . 有机硅侵入型混凝土保护剂在海洋环境下混凝土工程中的应用研究 [J]. 新型建筑材料，2008，6：72－76.

[3] 孙建平 . 略述美国永凝液防水材料在桥梁中的防护作用 [J]. 福建建材，2007，2：49－50.

维克混凝土抗裂抗渗增强剂的应用

熊富有　张任兵/中国水利水电第十四工程局有限公司

【摘　要】　海南琼中抽水蓄能电站斜井衬砌混凝土施工采用滑模从下而上全断面一次浇筑成型。斜井属于引水隧洞的一部分，由于是斜洞段，水头在短进程内变化较大，衬砌混凝土抗裂抗渗要求较高，在衬砌混凝土内添加 VICK－IM3 混凝土抗裂抗渗增强剂，能有效地改善了混凝土拌和物的性能，提高混凝土龄期抗压、抗拉强度。

【关键词】　抗裂抗渗增强剂　海蓄电站　斜井衬砌

1　工程概况

海南琼中抽水蓄能电站位于海南省琼中县境内，工程建成后其主要任务是承担海南电力系统的调峰、填谷、调频、调相、紧急事故备用和黑启动等任务。电站距海南省海口市、三亚市直线距离分别为 106km、110km，距昌江核电直线距离 98km。

电站安装 3 台单机容量 200MW 的可逆式水泵水轮发电机组，总容量 600MW，为 Ⅱ 等大（2）型工程。枢纽建筑物主要由上水库、输水系统、发电厂房及下水库等 4 部分组成。

引水隧洞斜井分为一级、二级斜井，一级斜井桩号为引 0＋060.050～引 0＋308.008，长 247.958m，二级斜井桩号为引 0＋663.803～引 0＋890.872，长 227.069m，均由上弯段、直线段、下弯段组成，直线段倾角均为 55°。一级斜井直线段长 192.461m，上弯段长为 27.299m，下弯段长为 28.198m；下斜井直线段长 170.122m，上弯段长为 28.198m，下弯段长为 28.798m，斜井开挖断面为圆形断面，开挖直径约为 9600mm，衬砌后洞径均为 8400mm。一级、二级斜井直线段混凝土均采用滑模进行浇筑。

斜井采用 50cm 厚的 C30（W10F100）混凝土进行衬砌，衬砌后的断面为圆形，直径为 8.4m。在结构缝和施工缝处设置 600mm×1.2mm 止水铜片。

2　VICK－IM3 混凝土抗裂抗渗增强剂概述

维克混凝土抗裂抗渗增强剂是一种干粉复合材料，是由多种无机材料及辅材经特殊工艺生产而成的干粉状复合材料，具有和易性好，保坍性好，高减缩率，高抗裂性，高韧性，高抗冲磨、抗冲击性，高抗渗、抗腐蚀性，能提高混凝土的体积稳定性，提高混凝土外观质量，提高混凝土耐久性等特点[1]。普通混凝土是多孔、脆性材料，在干缩、冷缩的作用下产生收缩应力引起混凝土开裂，影响混凝土耐久性。在混凝土中添加性能优良的维克混凝土抗裂抗渗增强剂可改善混凝土的脆性，增韧抗裂，赋予混凝土水泥基复合材料以新的性能——抗裂、抗冻、抗冲击、防腐蚀等性能，是理想的新一代建筑材料。

本工程使用的是维克混凝土抗裂抗渗增强剂。维克混凝土抗裂抗渗增强剂具有与混凝土亲和性强、吸收能量、变形能力优等特点，能促进混凝土水化反应更充分，有效抑制混凝土泌水。通过纯物理作用达到增强、增韧、抗裂、抗渗、抗冻、防腐蚀效果，明显改善硬化混凝土的各项性能，其耐老化性能与结构同寿命。维克混凝土抗裂抗渗增强剂主要有如下性能特点：

（1）有效提高混凝土的抗压强度、抗拉强度、抗弯强度，提高抗裂、抗收缩性能。

（2）属无机材料，耐酸碱、耐油、抗腐蚀、无毒无害、与环境友好、不含对人体有害的成分。

（3）具有良好的柔韧性和抗变形能力，可以适应基本的扩展与收缩。

（4）改变混凝土的孔结构，提高混凝土的密实性，有效提高混凝土的抗渗能力，是优良的结构自防水材料。

（5）有效提高混凝土的抗氯离子的侵蚀、抗碳化、保护钢筋不锈蚀，提高混凝土耐久性。

（6）有效提高混凝土的抗冲击、抗冻、抗冲磨性能。

（7）降低混凝土泌水和离析，保水，使水化反应更充分，具有降低和延缓水化热作用。

（8）增强、增韧、抗腐蚀。

（9）有效提高混凝土的表观质量。

（10）若其与粉煤灰同时使用，可以改善粉煤灰早期水化速度慢的不足，起促进混凝土早强的作用。

维克混凝土抗裂抗渗增强剂性能特点符合 GB 50119—2013《混凝土外加剂应用技术规范》要求。

3 斜井衬砌混凝土要求说明

电站引水隧洞洞身一般较长，其沿途经过的工程地质条件各异多变且水头较大，因此要求引水隧洞衬砌混凝土具有较高的抗裂、抗渗要求。同时，山区水源及地下水水质富含矿物质，因此要求引水隧洞衬砌混凝土同时要求具备较好的抗腐蚀性能。在温差变化较大的区域，要求有一定的抗冻要求。若斜井衬砌混凝土性能指标选择不合理，将导致衬砌混凝土开裂渗水，对引水隧洞的使用寿命产生较大的影响，同时在引水斜井部位对产生的缺陷进行处理具有很大的施工难度，将产生巨大的安全隐患和经济损失。

本工程斜井衬砌混凝土强度要求为 C30，抗渗等级为 W10，抗冻等级为 F100，其设计要求基本满足本工程的混凝土的性能要求。为更好的保证斜井衬砌混凝土抗裂、抗渗、抗冻、抗腐蚀等各类性能指标，同时有效延长混凝土的使用寿命，有必要在斜井衬砌混凝土内添加合适的抗裂抗渗增强剂。本工程通过实验选定 VICK-IM3 混凝土抗裂抗渗增强剂作为衬砌混凝土的抗裂抗渗添加剂。

4 斜井衬砌混凝土施工

斜井衬砌混凝土施工分为直线段和上、下弯段混凝土施工。各阶段混凝土作业工序都有一定的差异性，但混凝土施工的主要工序都是相同的，都要经过基岩面或施工缝面的清理、测量放线、钢筋施工、模板施工、预埋件埋设、仓面验收、混凝土浇筑、拆模或滑模后抹面、养护等工序。斜井直线段混凝土衬砌采用滑模从下而上全断面一次浇筑成型，混凝土入仓用 6～8m³ 搅拌车运输至斜井井口平台，经运输小车运输至滑模储料

仓，再由人工手推车入仓。本项目地处海南，天气比较炎热，根据 DL/T 5144—2015《水工混凝土施工规范》要求，在高温季节，当混凝土入仓温度高于 23℃时，可采用冷水、加冰等降温措施[2]降低混凝土的入仓温度，本工程采取加冷水的措施降低入仓温度。

本工程斜井衬砌使用滑模为 R4.2m 全断面斜井滑模，主要由中梁、前后行走轮机构、临时行走轮结构、操作平台、模板系统、抹面平台、尾平台、井口锁定梁、液压爬升系统等部分组成。滑模牵引方式宜采用连续拉伸式液压千斤顶抽拔钢绞线，也可以采用卷扬机、爬轨器等[3]，本工程斜井滑模的滑升利用液压千斤顶驱动爬升。

5 混凝土试验检测

根据海南琼中抽水蓄能电站现场使用的原材料、施工工艺及设计要求，对引水隧洞使用的 C30W10F100 混凝土进行配合比设计试验，提供合理经济的配合比现场使用。

5.1 原材料试验检测

5.1.1 水泥

试验采用水泥为华润水泥（昌江）有限公司生产的 P·O42.5 普通硅酸盐水泥。水泥物理性能检测结果见表 1，检测结果满足 GB 175—2007《通用硅酸盐水泥》的要求。

5.1.2 粉煤灰

试验采用粉煤灰为海南省澄迈金力丰实业有限公司生产的Ⅱ级 F 类粉煤灰，检测结果见表 2，检测结果满足 DL/T 5055—2007《水工混凝土掺用粉煤灰技术规范》的要求。

5.1.3 细骨料

试验用细骨料为海蓄砂石加工系统产的机制砂，检测结果满足 DL/T 5144—2015《水工混凝土施工规范的》的要求，详见表 3、表 4。该砂为中砂，级配处于Ⅱ区，详见表 4。

5.1.4 粗骨料

试验用粗骨料为海蓄砂石加工系统产的小石，检测结果满足 DL/T 5144—2015《水工混凝土施工规范的》的要求，见表 5。

表 1   水泥物理性能检测结果表

检测项目	安定性	标准稠度用水量/%	比表面积/(m²/kg)	凝结时间/min		抗压强度/MPa		抗折强度/MPa	
				初凝	终凝	3d	28d	3d	28d
标准要求	合格	—	≥300	≥45	≤600	≥17.0	≥42.5	≥3.5	≥6.5
检测结果	合格	27.4	347	140	201	30.0	53.5	4.6	7.7

表 2 　　　　　　　　　　　　　　　　　粉煤灰检测结果表

检测项目	细度/%	需水量比/%	烧失量/%	含水量/%
标准要求	≤25	≤105	≤8.0	≤1.0
检测结果	18.2	102	5.3	0.3

表 3 　　　　　　　　　　　　　　　　　细骨料检测结果表

检测项目	细度模数	石粉含量/%	表观密度/(kg/m³)	堆积密度/(kg/m³)	泥块含量/%
标准要求	2.4～2.8	6～18	≥2500	—	不允许
检测结果	2.65	14.3	2670	1530	0.0

表 4 　　　　　　　　　　　　　　　　　机制砂颗粒级配试验结果表

项目		标准筛筛孔径/mm						颗粒级配评定
		5.0	2.5	1.25	0.63	0.315	0.16	
标准要求	Ⅰ区	10～0	35～5	65～35	85～71	95～80	97～85	
	Ⅱ区	10～0	25～0	50～10	70～41	92～70	100～90	
	Ⅲ区	10～0	15～0	25～0	40～16	85～55	94～75	
检测结果		4.8	18.9	40.0	55.6	72.1	90.0	该砂属于Ⅱ区中砂

表 5 　　　　　　　　　　　　　　　　　粗骨料检测结果表　　　　　　　　　　　　　　　　　%

检测项目	表观密度/(kg/m³)	堆积密度/(kg/m³)	吸水率	针片状含量	含泥量	泥块含量	压碎指标	超径	逊径	中径筛筛余量
标准要求	2550	—	—	≤15.0	≤1.0	不允许	≤20.0	0	<2	40.0～70.0
检测结果	2660	1380	0.5	5.9	0.5	0.0	11.9	0	1	64.1

5.1.5　减水剂

减水剂为马贝建筑材料（上海）有限公司生产的 SR3 型高性能缓凝高效减水剂，检测结果满足 DL/T 5100—2014《水工混凝土外加剂技术规程》的要求，见表 6。

5.1.6　拌和用水

水质分析结果见表 7，各项指标均满足 DL/T 5144—2001《水工混凝土施工规范》和 JGJ 63—2006《混凝土用水标准》的要求。

表 6 　　　　　　　　　　　　　　　　　减水剂检测结果表

检测项目	减水率/%	含固量/%	pH 值	凝结时间差/min	抗压强度比/%	
					7d	28d
标准要求	≥25	24±1	7±1	>90	≥140	≥130
检测结果	26.8	24.6	6.8	130	160	141

表 7 　　　　　　　　　　　　　　　　　混凝土拌和用水检测成果统计

材料	项目	pH 值	不溶物/(mg/L)	可溶物/(mg/L)	氯化物/(mg/L)	硫酸盐/(mg/L)	碱含量/(mg/L)	凝结时间差/min		抗压强度比/%
混凝土拌和用水	钢筋混凝土	≥4.5	≤2000	≤5000	≤1000	≤2000	≤1500	≤30	≤30	≥90 　≥90
	素混凝土	≥4.5	≤5000	≤10000	≤3500	≤2700	≤1500			
	检测结果	7.1	66	366	104.7	41.8	—	—	—	—

5.1.7　混凝土抗裂抗渗增强剂

抗裂抗渗增强剂为深圳市维特耐新材料有限公司生

产的 VICK-IM3 混凝土抗裂抗渗增强剂，检测结果满足 JC 474—2008《砂浆、混凝土防水剂》技术指标要求，见表8。

表8 混凝土抗裂抗渗增强剂检测结果表

检测项目	含水率/%	细度 (0.315mm 筛)	氯离子/%	总碱量/%
标准要求	<5	≤15	<0.5	<5
检测结果	0.7	2.5	0.030	0.15

5.2 配合比确认

进行混凝土配合比设计时，应根据原材料的性能及混凝土的技术要求进行配合比计算，并通过试验时适配、调整后确定[4]。混凝土配合比参数试验主要是确定粗骨料组合比、单位用水量、砂率、水灰比、外加剂掺量及掺合料掺量。试验执行 DL/T 5330—2015《水工混凝土配合比设计规程》。

通过对原材料和混凝土配合比基本参数试验，确定了混凝土单位用水量、砂率及在此参数基础上建立的灰水比与混凝土抗压强度关系，经复核各项设计指标后推荐海南琼中抽水蓄能电站引水隧洞衬砌混凝土施工配合比，详见表9。

表9　　　　　　　　　　　混凝土配合比表

施工配合比	混合材料			外加剂			水	
				缓凝高效减水剂			来源	
	品种	等级	掺量	名称	掺量/%	浓度/%	地下水	
	粉煤灰	Ⅱ	20%	SR3	0.7	—		
	水胶比	配合比			含砂率/%	坍落度/mm	堆积密度/(kg/m³)	
		水泥：混合材：水：砂：石：外加剂						
	0.46	1：0.25：0.57：2.61：3.74：0.009			42	180	2380	
	材料用量/(kg/m³)						抗压强度/MPa	
	水泥	混合材	砂	石	水	外加剂	抗裂剂	3d　7d　28d
	296	74	773	①534　②533	170	2.59	4	—　30.6　39.5

注 1. 该配合比为正式配合比，仅用于此工程，待工程结束后，该配合比自动作废。
　　2. 粉煤灰量：20%取代水泥。
　　3. 抗裂剂掺量：4kg/m³。
　　4. 材料石用量中，"①"表示"小石"，"②"表示"中石"。

6 本次抗裂增强剂使用效果

本工程斜井衬砌混凝土已浇筑完成，通过后期搭乘斜井灌浆运输小车对斜井衬砌混凝土浇筑质量检查，发现混凝土面出现常规的混凝土缺陷较少，混凝土表面裂缝根据经验较以往类似未添加抗裂抗渗增强剂混凝土工程减少60%，通过实验测得混凝土强度较常规混凝土提高15%。本次施工通过在混凝土内添加维克混凝土抗裂抗渗增强剂取得了较好的效果。通过经济效益分析，添加抗裂抗渗增强剂降低了后期斜井衬砌混凝土缺陷修复成本，减少修复成本比例约60%，混凝土半成品每立方米增加的成本比例约13%，两者综合对比，通过添加抗裂抗渗增强剂能有效降低工程成本约20%。

7 结语

中国水利水电第十四工程局有限公司在海南琼中抽水蓄能电站斜井衬砌混凝土施工过程中，项目部施工技术管理人员本着对工程质量负责的态度，根据工程施工特点及技术要求，认真分析现场实际情况，了解市场相关先进技术与材料，发现了在混凝土中添加合适的抗裂抗渗增强剂能有效地提高混凝土抗裂、抗渗、抗冻、抗腐蚀等各类性能指标。项目部相关人员将了解到的信息及时向建设管理单位进行了汇报，并建议在斜井衬砌混凝土中使用抗裂抗渗增强剂，建设管理单位同意了项目部的意见。在实际施工过程中通过在混凝土中添加维克混凝土抗裂抗渗增强剂取得了良好的效果：抗裂抗渗性能好、经济合理、满足设计标准及验收标准。

参 考 文 献

[1] 林英男，林建二，徐金昌. 维克混凝土抗裂抗渗增强剂[Z]. 深圳市维特耐新材料有限公司，2015.
[2] 中国电力企业联合会. DL/T 5144—2015 水工混凝土施工规范[S]. 北京：中国电力出版社，2015.
[3] 中华人民共和国国家能源局. DL/T 5407—2009 水电水利工程斜井竖井施工规范[S]. 北京：中国电力出版社，2009.
[4] 中国电力企业联合会. DL/T 5330—2015 水工混凝土配合比设计规程[S]. 北京：中国电力出版社，2015.

混凝土质量缺陷常见问题及处理技术

马文龙　刘代忠/中国水利水电第十四工程局有限公司

【摘　要】 在建筑市场中，混凝土属于主要建筑材料，已广泛应用于水电、桥梁、房建、公路等工程，而在施工过程中由于各种人为或者客观原因，导致混凝土浇筑完成后出现各种质量缺陷。造成混凝土质量缺陷原因各不相同，缺陷表现的也有各种类型，相应的处理工艺也相应不同。文中对混凝土存在的各种缺陷进行了阐述分析，并对各个情况的缺陷处理方法进行汇总说明。

【关键词】 混凝土质量缺陷　常见问题　处理技术

1 引言

混凝土是以水泥为胶凝材料，砂、石为骨料，与水、外加剂、掺合料按特定的比例配合，经搅拌而得到的建筑材料，主要有现浇混凝土和装配式混凝土等类型，具有坚固耐用、易于维护的优点，但自重较大，消耗材料较多，不利于环保。在新型建筑材料正在研发的今天，混凝土对于目前和未来的建筑施工市场而言，无疑属于主要建筑材料范畴，将继续广泛应用于大土木工程之中。

在建筑项目的混凝土工程中，质量缺陷是指由于人为的施工、使用或自然的地质、气候等原因，致使混凝土构筑物出现了残损、欠缺或不够完备的情况，进而影响到混凝土构筑物的美观、正常使用、承载力、耐久性和整体稳定性的现象，如裂缝、蜂窝、麻面、错台、漏筋等。根据国家标准 GB 50300—2013《建筑工程施工质量验收统一标准》5.0.6 节，第四条"当建筑工程施工质量不符合要求时，经返修或加固处理的分项、分部工程，满足安全及使用功能要求时，可按技术处理方案和协商文件的要求予以验收"，为了保证混凝土整体稳定性、满足结构安全、增加表面视觉效果，在浇筑完成后，均需对混凝土的质量缺陷进行统一处理，处理完成后方可按要求申请验收。

2 各类混凝土缺陷的原因分析和处理

混凝土完成浇筑拆模后质量缺陷就会显示出来，主要表现为蜂窝、麻面、孔洞、露筋、缝隙、缺棱掉角、表面不平整等。造成质量缺陷的原因多种多样，主要有原材料及施工材料不满足要求，配合比不合理，施工安排、指挥失误，天气、施工工艺不当等因素，相应处理技术主要有磨平、凿除及环氧胶泥填补、环氧砂浆填补和细骨料混凝土填补等治理方法，为保证原结构混凝土的质量，混凝土缺陷处理应做到"多磨少补、宁磨不凿，尽量不损坏混凝土的完整性，保证整体工程的施工质量"的原则。

2.1 蜂窝

蜂窝是指结构混凝土局部因为砂浆少、石料多而使得石子之间形成空隙，表面出现酥松等类似蜂窝状窟窿的现象。

2.1.1 蜂窝的原因分析

（1）混凝土配合比不当，水和水泥掺量偏少，造成砂浆少、石子多。

（2）搅拌时间不足导致混凝土未搅拌均匀。

（3）拌和材料计量不准导致配合比发生变化，使得混凝土整体和易性较差。

（4）分层浇筑时，振捣深度或振捣时间不足，使得部分混凝土未达到振捣效果。

（5）混凝土浇筑过程中未按要求分层下料或下料高度过高，未设串筒或溜槽，造成砂浆与石料分离。

（6）钢筋绑扎较密，而混凝土拌和楼的石子粒径过大，发生离析。

（7）模板质量不满足要求，搭接缝隙未采取措施堵严，造成浇筑过程中水泥浆流失。

2.1.2 蜂窝的处理方式

混凝土蜂窝深度小于 6cm 时，可采用分层填充预缩砂浆或环氧砂浆进行修补；深度大于 6cm 时，则应先凿去表层的松散颗粒，并冲洗干净，再采用比原混凝土标号高一级的细骨料混凝土修补、养护。

2.2 麻面

麻面是指混凝土因局部缺浆造成的表面出现许多小凹坑、麻点而形成粗糙面，但深度较浅，无结构钢筋外露的现象。凹坑或麻点数量较少且布置分散的，一般称为气泡。

2.2.1 麻面的原因分析

（1）模板质量差，与混凝土接触面粗糙，不平整。

（2）脱模剂涂刷不均匀或局部漏刷、失效，造成混凝土与模板发生粘贴，拆模时表面被粘坏。

（3）模板湿润度不够，使得混凝土接触面的水分被模板吸去，而混凝土表面因失水过多出现麻面。

（4）模板拼缝不严密，局部发生少量漏浆。

（5）混凝土振捣不实，气泡未排出，停在模板与混凝土接触面而形成麻点。

2.2.2 麻面的处理方式

对于需做粉刷的混凝土结构，麻面可不进行处理。

对于单个气泡，若气泡外露直径不小于2mm，可先凿除气泡周边的乳皮，清洗、干燥后，再采用环氧砂浆进行修补；若气泡的外露直径小于2mm，可不做处理。

若麻面缺陷深度小于5mm，主要采用砂轮打磨的方式进行处理，打磨平整度满足要求即可。

若麻面缺陷深度大于5mm，则需标定麻面的缺陷范围，做好标记，然后将标记范围凿成规则面，凿除深度至麻面最深凹处，清洗、干燥后，再用预缩砂浆或环氧砂浆进行修补。

2.3 孔洞

孔洞是指混凝土在浇筑过程中由于钢筋过密、大石粒径较多等原因造成的结构内部存在大尺寸空隙，或局部没有混凝土，致使结构钢筋局部或全部裸露的现象。

2.3.1 孔洞的原因分析

（1）因结构钢筋布置较密，或预埋件体积较大，而混凝土大石较多，致使混凝土下料被卡住，且未进行振捣。

（2）混凝土因配合比、运输、浇筑方法等因素发生离析，砂浆跑浆严重，石子成堆，且未进行振捣。

（3）混凝土浇筑过程未分层下料，单次下料过多，振捣器振捣不到位。

（4）混凝土浇筑时，意外掉入工具、木块、泥块等杂物。

2.3.2 孔洞的处理方式

孔洞的处理较为简单，需先将孔洞四周的松散石料、砂浆凿除，再用压力水对混凝土接触面进行冲洗，最后待接触面湿润后用高强度等级的细骨料混凝土仔细浇灌、捣实、养护。

2.4 露筋

露筋指混凝土在浇筑过程中因结构钢筋位置发生变化或混凝土发生孔洞质量问题而导致结构内部钢筋或预埋件局部裸露在结构表面的现象。

2.4.1 露筋的原因分析

（1）混凝土备仓时，结构钢筋或预埋件未完全固定，致使钢筋或预埋件在浇筑过程中发生偏移，贴到模板。

（2）结构钢筋的保护层垫块较少甚至漏放，或者垫块未完全固定，使得钢筋发生弯曲和变形，贴到模板。

（3）结构钢筋间距过密，石料卡在钢筋上，且未进行振捣，使水泥砂浆不能充满钢筋周围。

（4）由于配合比、运输、浇筑工艺不合理，导致混凝土产生离析，靠模板部位发生缺浆、漏浆，造成孔洞和露筋现象。

（5）混凝土在浇筑过程中，振捣人员经验不足，发生振捣棒撞击钢筋、或人员踩踏钢筋的现象，使钢筋发生偏移。

2.4.2 露筋的处理方式

发生露筋的原因较多，因此不能从单一的角度出发进行处理，应先分析露筋的原因，结合露筋的严重程度，再综合考虑处理技术方案。

一般若为混凝土表面露筋，可用高压水将混凝土面冲洗干净，涂抹预缩砂浆或环氧砂浆，将露筋部位抹平即可。若混凝土露筋较深，则需先划定需要处理的范围，进行切槽割除工作，以形成整齐、规则的边缘，再用冲击工具对划定范围内的原混凝土进行凿除，最后重新进行立模、备仓，使用比原设计标号高一级的细骨料混凝土进行浇筑修补。

2.5 裂缝

裂缝指混凝土由于配比不合理或浇筑环境发生较大变化，使得混凝土结构内外温度差异较大，导致混凝土在养护期间或养护期后发生裂缝的现象。

2.5.1 裂缝的原因分析

（1）混凝土在浇筑规划时未考虑温度因素，使得混凝土在硬化时产生内外温差而引起裂缝。

（2）混凝土浇筑高度过大，未设串筒、溜槽等缓冲工具，造成混凝土结构内部发生离析，进一步导致混凝土表面发生裂缝。

（3）混凝土浇筑完成后，未能按要求进行养护，使得混凝土表面水分蒸发变干而引起裂缝。

2.5.2 裂缝的处理方式

混凝土裂缝是目前混凝土表观表现最为突出的一类缺陷，裂缝的宽度和长度有大有小，因此也需根据不同条件采用不同技术进行处理，裂缝的处理也最严格，主要为防止外界物质浸入结构混凝土内部，对整体结构造成危害。

对于宽度小于 0.2mm 的混凝土表层微细、独立裂缝,可采用环氧树脂直接进行密闭。

对于宽度大于 0.2mm 的独立贯通裂缝,则需根据实际情况来进行处理,目前常用的处理方法有表面处理法、填充法、混凝土置换法、结构补强法、灌浆法等。表面处理法、填充法、混凝土置换法与前文提及的麻面、孔洞等处理方法相同。结构补强法是指在裂缝区域利用灌注结构胶的方法对整体结构进行补强,同时沿受拉方向或垂直于裂缝方向进行粘贴,以形成一个新的复合体,保证结构体的稳定。灌浆法应用范围较为广泛,从细小裂缝到大裂缝均可适用,且处理效果较好,其主要利用压送设备(压力 0.2~0.4MPa)将环氧树脂浆液注入混凝土裂隙,达到闭塞缝隙的目的。

2.6 缺棱掉角

2.6.1 缺棱掉角的原因分析

(1)混凝土在拆模时,由于施工人员不注意,使得其他物体与混凝土结构体发生撞击,造成混凝土结构缺棱、掉角。

(2)模板未涂刷隔离剂或涂刷不均,浇筑前未充分湿润,浇筑后养护不足等工艺不满足要求,造成混凝土强度降低,拆模时棱角直接掉落。

(3)低温施工时,人为过早拆除侧面非承重模板,造成结构混凝土的缺棱和掉角现象。

2.6.2 缺棱掉角的处理方式

混凝土若发生缺棱掉角,可将该区域的松散混凝土凿除,并用高压水进行冲洗,待混凝土接触面充分湿润后,视破损程度用预缩砂浆或环氧砂浆进行抹补,或直接用比原设计高一标号的细骨料混凝土重新填补浇筑。

2.7 表面不平整

混凝土表面不平整是指因工艺问题造成混凝土表面出现水波纹、拼接模板印痕、模板造成的凹凸面、混凝土表面局部脱皮、表面破损以及备仓过程使用的钢筋头、预埋件外露的各类管件头。

2.7.1 表面不平整的原因分析

(1)混凝土浇筑收仓时,表面仅用工具进行找平,未用抹子压光抹面,造成混凝土表面粗糙不平。

(2)模板支撑体系不满足要求,导致在浇筑过程中模版发生偏移。

(3)模板拼接不紧密,在浇筑过程中,发生漏浆现象,浆液流经已浇筑完成的混凝土面,造成水波纹现象,而混凝土分层处因漏浆会形成的砂线。

(4)混凝土在未达到强度时,为追赶下一施工工序,安排人员或设备在其上操作或运料,使表面出现凹陷不平或印痕。

(5)在备仓过程中布置的拉筋和预埋件等在拆模后会留下钢筋头、管件头等。

2.7.2 表面不平整的处理方式

混凝土表现出现错台、挂帘以及模板印痕的部位,均可采用凿除和砂轮打磨结合处理的方法,使其与周边混凝土平顺衔接。

对于模板拼缝不严漏浆形成的砂线,若深度小于5mm,可将砂线内裸露的砂粒、散渣清除,清洗干净后,再利用预缩砂浆进行填补。若深度不小于5mm,则需对该区域进行凿除,凿除深度视砂线深度而定,用高压水清洗后,再分层填充预缩砂浆进行修补。

混凝土表面出露的钢筋头和管件头,在施工完成后,可用砂轮沿混凝土表面切割,并将该区域切割成规则的周边,凿深 25mm 后割除钢筋头和管件头,再将孔内松散物清除干净,填补预缩砂浆抹平。

3 混凝土缺陷处理方法及工艺

综上所述,在混凝土消缺施工中,主要技术有细骨料混凝土重新填补、预缩砂浆或环氧砂浆修补、灌浆作业以及打磨施工等。打磨属于专业技术作业,施工质量主要取决于作业人员的技术经验和操作水平。灌浆施工使用区域最为广泛,需根据裂缝的深度、贯穿长度、位置等指标进行确定具体施工参数,并需编制专项的处理方案,报批后方可施工。本节主要阐述细骨料混凝土、预缩砂浆及环氧砂浆、环氧胶泥的处理原则及施工工序。

3.1 缺陷处理方法

(1)混凝土的缺陷处理工作属于一个工程正常的施工程序,施工前,应对面积较大或较为严重的缺陷进行数量和参数统计,编制相应处理方案,经审批后,方可开始进行作业。

(2)对于深度在 0.1~0.5cm 的缺陷,宜采用环氧胶泥修补;深度在 0.5~2cm 的缺陷,宜采用环氧砂浆修补;深度在 2~5cm 的缺陷,宜选用预缩砂浆进行修补;深度在 5cm 以上,且范围超过 1.5m×3m 的缺陷宜选用细骨料混凝土进行换填修补。

(3)由于混凝土部位不同、环境不同、承受压力不同,因此采用的处理方式和工序也应该相应调整,如对温度反应较为敏感的质量缺陷,应安排在低温季节处理;对荷载反应较为敏感的质量缺陷,应先对结构进行减荷,再进行缺陷处理;对于发展中的质量缺陷(如裂缝),应先查清缺陷形成和发展的原因,根据情况消除影响因素,待稳定后方可进行修补等。

(4)树脂类修补材料宜干燥养护不少于 3d;水泥类修补材料应潮湿养护不少于 14d。

3.2 缺陷处理工艺

3.2.1 细骨料混凝土修补

细骨料混凝土主要用于深度较大的蜂窝、孔洞、深层的裂缝夹层及大块的缺棱掉角等缺陷的修补。

(1) 细骨料混凝土修补的工艺流程。缺陷区域凿除→基面冲洗→沾干积水→混凝土拌制→基面涂抹浓水砂浆→分层填充混凝土→抹面→养护→质量检查。

(2) 原材料及配比要求。石料一般为砂石系统人工骨料，需筛除片状和针状石；砂料一般为砂石系统人工砂，细度模数宜为 2.4～2.6；水泥为中热微膨胀普硅水泥，用水为地下生产用水，水灰比一般采用 0.29 ～0.32。

(3) 细骨料混凝土拌制。由于需进行细骨料混凝土回填修补的缺陷工程较少，因此一般均由人工现场拌制，拌制现场需打扫干净并铺一层铁皮，防止给其他结构造成污染，单次拌和量视需要而定，每次拌和量不宜过多，一般不超过 0.1m³。拌制时必须严格按设计配比进行各种材料的称量，且充分拌和均匀，以能手捏成团且手上有湿痕而无水膜为准。

(4) 基面处理。缺陷区域的凿挖形状、深度、范围经验收合格后，人工用钻子或钢刷清除已凿挖基面的松动颗粒，再用清水反复冲洗干净，用棉纱沾干积水，保证基面润湿但无明水。

(5) 细骨料混凝土填补。细骨料混凝土修补前，需先在基面上涂刷一层水灰比为 0.4～0.45 的浓水泥浆作黏结剂，然后再分层填补混凝土，并用木棒或木槌捣实，直至泛浆为止。各层间需用钢丝刷刷毛，以利接合。整体缺陷填平后人工进行收浆抹面。抹面时，填补区域应与周边已成型结构连接平顺，并需用力挤压使其与周边混凝土接缝严密。

(6) 养护。细骨料混凝土修补完 8～12h 后，需用草袋覆盖养护，且保持湿润，养护时间最少为 14d。

(7) 修补质量鉴定。细骨料混凝土修补养护 7d 后，方可进行质量鉴定，鉴定方法一般用小锤敲击表面进行判定，声音清脆者为合格，声音发哑者应凿除重补。

3.2.2 环氧砂浆修补

(1) 环氧砂浆修补的工艺流程。基面处理→底层基液涂刷→环氧砂浆涂刷→压实找平→外观检测→表面处理→保温养护→质量鉴定。

(2) 环氧砂浆配比及拌制。环氧砂浆是以环氧树脂固化剂及其填料等为基料制成的新型施工材料，具有高强度、抗冲蚀、耐磨损的特性。其主要由改性 E44 环氧、NE-Ⅱ 固化剂、石英砂及辅料配置组成，配比需由试验确定。

底层基液即为未投入填料、搅拌均匀的环氧砂浆。按要求配比选取底层基液所需材料，依次投入拌料桶内，用基液搅拌器搅拌 5～7min，搅拌均匀后即可使用。

底层基液和环氧砂浆一般采用现场拌制。

(3) 基面处理。缺陷处理前需先将范围内松散混凝土凿除，直至基面外露新鲜骨料，凿除深度、形状和区域经验收合格后，方可进行基面清理和干燥除尘处理。若需处理区域面积较大，一般采用钢丝刷和高压风清除松动颗粒和粉尘，小面积区域可采用钢丝刷和棕毛刷进行洁净处理。对基面潮湿区域还需进行干燥处理，干燥处理一般采用喷灯烘干或自然风干。

(4) 底层基液和环氧砂浆涂刷。基面处理完成后，用毛刷均匀地将基液涂刷其上，要求基液涂刷尽可能薄而均匀、不流淌、不漏刷。基液拌制一般现拌现用，以避免因空置时间过长影响涂刷质量，造成材料浪费和黏结性能下降。同时还需要按涂刷基液和涂抹环氧砂浆交叉进行的原则进行作业，以确保施工进度和施工质量。基液涂刷后静停 40min 钟左右，手触有拉丝现象，方可涂抹环氧砂浆。

当混凝土缺陷部位修补厚度大于 2cm 时，环氧砂浆应分层涂抹，单层涂刷厚度一般为 1～2cm；若超过 2cm 时，则需分层嵌补，层间需进行拉毛处理，以利层间结合。

(5) 环氧砂浆保温养护。环氧砂浆涂抹完毕后，需将缺陷处理区域进行隔离养护，养护期一般为 3～14d，养护期间要注意防止环氧砂浆表面被水浸湿、被人员践踏或被重物撞击等情况发生。

(6) 质量鉴定。环氧砂浆填补完成 3d 后，可进行质量检测，检测方法一般采用小锤轻击表面进行判定，若声音清脆则质量良好，若声音沙哑或有"咚咚"声音，说明修补区域内部结合不良好，应凿除重补。

3.2.3 环氧胶泥修补

环氧胶泥修补与环氧砂浆修补工艺基本相同，需注意事项有：

(1) 缺陷区域基层处理完毕后，需进行含水率检测，满足设计要求后即可开始刮涂胶泥。胶泥按材料配比要求调配均匀，涂抹一般采用人工刮刀的方式进行，涂抹时要边压实边抹光。

(2) 胶泥层厚度一般约为 0.5cm。

(3) 涂刷环氧胶泥时，作业人员必须按先上后下的程序规范操作，并随时注意胶泥厚度及均匀度。

(4) 施工完毕后需进行洒水养护，养护时间一般为 7～14d。

4 结语

上述混凝土质量缺陷处理方案均为目前国内混凝土结构工程质量缺陷常用处理方案，阿海水电站导流洞混凝土缺陷处理、黄登水电站导流洞混凝土缺陷处理及地下厂房工程部分混凝土缺陷处理均采用以上方案进行处理，运营情况良好，且均已通过完工验收。

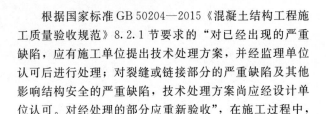

根据国家标准 GB 50204—2015《混凝土结构工程施工质量验收规范》8.2.1 节要求的"对已经出现的严重缺陷，应有施工单位提出技术处理方案，并经监理单位认可后进行处理；对裂缝或链接部分的严重缺陷及其他影响结构安全的严重缺陷，技术处理方案尚应经设计单位认可。对经处理的部分应重新验收"，在施工过程中，对已发生的质量缺陷，应该坦然面对，因为混凝土的质量将影响到整体建筑物的使用寿命和安全，不应为质量缺陷遮三瞒四，虚假处理，而应按相关规范要求，求尽量对质量缺陷进行修复，保证其满足设计要求，使得整体建筑物的安全得到保障。

灌注桩施工特殊情况及处理方法

刘代忠　马文龙/中国水利水电第十四工程局有限公司

【摘　要】 目前我国的中高层建筑、大型桥梁码头、各类围护结构等均大规模应用到了钢筋灌注桩的设计，其具有经济性能较好、施工技术繁杂等特点，截面多为圆形，孔径和深度一般根据设计需求而确定。由于其施工程序繁杂，且属于地下工程，位于不可视区域，导致灌注桩在施工过程中受地质条件、施工设备、工艺熟练度等条件的影响，存在或多或少的特殊情况。文中以造孔灌注桩的造孔和浇筑施工工艺为出发点，分别对各类情况的发生原因和处理方案进行了阐述说明。

【关键词】 灌注桩　施工　特殊情况　处理

1　引言

灌注桩是指在工程现场通过机械钻孔、钢管挤土或人工挖掘等施工手段在施工区域的地基中形成桩孔，并于桩孔内放置钢筋笼、灌注混凝土而形成的桩基。与预制桩相比较而言，其施工技术比较简单，且不受到孔深的限制，桩体质量容易控制，但经济性能较差。综合考虑，灌注桩较预制桩适应范围更为广阔，可布置不同方案以应对不同地质情况，在国内应用最为广泛，涉及中高层建筑、大型桥梁码头、各类围护结构等。

灌注桩依照成孔方法不同，又分为沉管灌注桩、钻孔灌注桩和挖孔灌注桩等形式，其中以造孔灌注桩应用最广。在造孔灌注桩施工过程中，由于其施工工序繁杂，且属于地下工程，受地质条件、施工设备、工艺熟练度等条件的影响，存在各类特殊情况。文中从造孔灌注桩的造孔和浇筑施工出发，分别对各类事件的发生原因和处理方案进行了阐述说明，以为施工者提供更多建议参考方案。

2　灌注桩的施工工艺及方法简述

造孔灌注桩截面一般多为圆形，孔径一般在 0.3～2.0m 间，深度需根据施工现场地质情况和设计目标来确定，可为数米至一二百米，可适应多种土层条件，并利用地层与桩基的摩擦力或利用坐落的承载层来承载上部构造物。因其在造孔过程中所选护壁方式的不同，可分为泥浆护壁法和全套管施工法两种。

冲击钻孔、冲抓钻孔和回转钻削成孔等均可采用泥浆护壁法，泥浆主要由水、黏土（膨润土）和添加剂拌制而成，钻孔过程中，桩孔内泥浆一方面以孔内高于地下水位的泥浆的侧压力平衡孔壁土压力和孔周围水压力，抵抗孔周围水渗入孔内，维持孔壁稳定；另一方面可悬浮钻渣，并通过浆液循环携带钻渣流出桩孔，避免钻渣沉入孔底造成冲孔困难。其主要施工工序为：施工场地平整场地→泥浆制备→埋设桩基开口护筒→铺设工作平台准备（视设备情况）→安装钻机并定位（视设备情况）→钻进成孔→清孔验收→放置钢筋笼→灌注水下混凝土→拔出护筒→质量检查及验收。

（1）施工准备。施工准备包括选择钻机和钻具选择、场地布置规划、水电布置及场地平整等，可根据地质情况和各种钻孔机的应用条件来选择。

（2）钻机的安装与定位。在安装钻孔前需根据钻机情况铺设工作平台，以保证钻机基础稳定，避免施工中发生钻机倾斜、桩位偏移等不良情况，一般均采用混凝土平台和枕木加固。

钻机安装和定位一般采用吊车进行，人工利用千斤顶等工具配合，准确定位后，使得起重滑轮、钻头或固定钻杆的卡孔与护筒中心在一垂线上，保证钻机的垂直度，钻机位置的偏差不应大于 2cm。

（3）埋设护筒。护筒主要布置在桩口处，以防止孔口坍塌，全套管施工法时需全段布置。同时护筒还有隔离地表水、保护孔口地面、固定桩孔位置和导向钻头等作用。

护筒制作材料有木、钢、钢筋混凝土三种，一般常用钢护筒。护筒要求坚固耐用，不漏水，其内径应比钻孔直径大（旋转钻大 20cm，潜水钻、冲击或冲抓锥大 40cm），每节长度一般为 2～3m。

（4）泥浆制备。钻孔泥浆由水、黏土（膨润土）和添加剂拌制而成，具有增大静水压力，并在孔壁形成泥皮，隔断孔内外渗流，防止塌孔，以及浮悬钻渣、冷却钻头、润滑钻具的作用。现场拌制的钻孔泥浆应根据钻孔方法和地层情况来确定泥浆稠度和配合比，泥浆稠度应视地层变化或操作要求机动掌握。

（5）钻孔。钻孔为灌注桩的主要工序，也是重点施工工序。首先要注意开孔质量，对好中线及垂直度，并做好护筒加固工作，在施工中要注意不断添加泥浆和抽渣（冲击式用），还需随时检查成孔是否有偏斜现象。钻孔顺序也需提前进行规划，既需保证下一个桩孔的施工不影响上一个桩孔，又要使钻机的移动距离不要过远和相互干扰。

（6）清孔。钻孔的深度、直径、位置和孔形直接影响到成桩质量。为此，除了钻孔过程中密切观测监督外，在钻孔达到设计要求深度后，还应对孔深、孔位、孔形、孔径等进行检查。在终孔检查完全符合设计要求时，应立即进行孔底清理，避免隔时过长以致泥浆沉淀，引起钻孔坍塌。对于摩擦桩当孔壁容易坍塌时，要求在灌注水下混凝土前沉渣厚度不得大于 30cm；当孔壁不易坍塌时，不得大于 20cm。对于承重桩，要求沉渣厚度不得大于 5cm。

清孔方法可视钻机不同而灵活应用，通常可采用正循环旋转钻机、反循环旋转机真空吸泥机以及抽渣筒等清孔。

（7）灌注水下混凝土。清空工作完成后，即可利用吊车将已加工完成的钢筋笼垂直吊放至孔内，定位后需进行加固，部分灌注桩因高度大，钢筋笼需分节加工运输，吊放时再进行连接加固。钢筋笼验收完成后，可利用导管灌注水下混凝土，灌注时混凝土不应中断，否则易出现断桩现象。

全套管施工法全程采用护筒进行护壁，分节安放、分节开挖，单位节长可根据地质情况确定。与泥浆护壁法相比，全套管施工法不需泥浆及清孔，但消耗护筒资源较多，且混凝土浇筑过程控制要求高，施工难度较大。

3 施工阶段的特殊情况及处理方案

3.1 钻进成孔所发生的特殊情况

钻进成孔是指在设备就位后，开始启动造孔至造孔至设计高度间的正常工作，现场主要存在的问题有塌孔、缩孔、导墙破坏、漏浆、桩孔发生偏斜及造孔遇到孤石等。

3.1.1 塌孔

塌孔是指在造孔过程中由于地质体较为松散或泥浆配比不适，造成已开挖的墙壁无法保证自稳而发生坍塌的现象。塌孔需根据现场塌孔情况来确定处理方案，一般轻微塌孔可使用挖掘设备向桩孔内回填可塑性好的黏性土，再由钻机反转向下加压，充分压实孔壁，保证边强稳定后，方可重新成孔；若塌孔较为严重，则需向孔内浇筑低级配混凝土，待 24h 混凝土终凝后恢复造孔，仍有塌孔现象时，继续换填混凝土，直至最终成孔。

3.1.2 缩孔

缩孔是指在灌注桩造孔过程中，对于已完成开挖的桩孔墙壁由于受到四周地基的压力而向桩孔中心发生偏移的现象，一般缩孔现象均发生在软弱层，需根据现场地质情况和缩孔程度来确定处理方案。

对于可塑性软弱层发生缩孔现象，由于该软弱土不容易大面积坍塌，可通过反复扫孔，在孔内适当回填一些干土反压，使一部分干土压入孔壁内，增加淤泥层的可塑性，以避免出现缩孔现象。如孔底遇水，则需记录下孔口距水面深度，提钻时应提出水面后停歇一段时间，使钻头内的水流出钻头后再提钻，以减少水对孔壁的冲刷，从而减少塌孔和缩孔。

若可塑性较差软弱层（或软弱层较厚）发生缩孔现象，可停止钻进，同一高程反复取土使得孔底形成空腔，再向空腔内填充低级配混凝土，待 24h 后再重新成孔。

若无可塑性或可塑性极差软弱层发生缩孔现象，可采用反压混凝土方法来处理，主要步骤为利用钻孔设备反复取土，使得缩孔处形成空腔，再反压低级配混凝土，使混凝土充分掺入软弱层中，48h 后重新成孔。

3.1.3 导墙破坏或变形

导墙破坏是指导墙在造孔过程中由于基础地基发生不均匀下沉而导致导墙出现坍塌、裂缝、断裂、向内挤压等现象。鉴于导墙是控制桩孔垂直角度的关键工艺，且其为造孔设备安置平台，因此大部分或局部已严重破坏或变形的导墙应全部拆除，并用优质土分层回填夯实以加固地基，地基稳定后再重新建造导墙。

3.1.4 漏浆

漏浆一般发生在地下裂隙较为发达区域或江河等边缘区域，是指在造孔过程中，桩孔内的浆液水位迅速下降或浆液浓度段时间转变为清水，出现大量泥浆突然向外漏失现象。

漏浆必须提前根据地质及地下水情况提前准备堵漏材料，如稻草等，在发现漏浆后，及时利用堵漏材料进行堵漏，并尽快补充浆液。若地下水系较为发达，简单堵漏材料无法满足要求，则可回填低级配混凝土进行堵漏，待混凝土达到一定强度后（一般24h后），再进行补充浆液和恢复造孔。若施工区域存在落水洞、暗沟等，则需将设备提出，对地质进行加固处理后，重新施钻。

3.1.5 桩孔偏斜

桩孔偏斜指在造孔过程中，桩孔向一个或两个方向发生偏斜，垂直度偏离设计值，并超过规范要求数值。处理方法一般需先查明造孔偏斜的位置和程度，然后根据偏斜度来确定处理方案。对偏斜不大的桩孔，可在偏斜处吊住钻机，上下往复扫孔，使造孔垂直度正直；对偏斜严重的桩孔，应利用砂与黏土混合物（根据情况可增加碎石料）对桩孔进行回填，一般回填高度至偏孔上1m以上，待回填体沉积密实后，再重新利用设备进行造孔施工。

3.1.6 孤石、块球体

当施工中遇到块石及块球体时，在考虑孔壁安全的前提下，需编制相应的专项方案上报监理单位，批准后执行。一般可采用的处理方法有重锤法、小造孔爆破或定向聚能爆破的方法处理。具体方案的确定需要根据现场实际施工情况来确定，一般若施工区周围存在有永久性建筑物，则不允许采用爆破技术进行处理，以免对周围建筑物的稳定造成影响。

3.2 钢筋笼制作安装所发生的特殊情况

3.2.1 钢筋笼运输和吊装受到场地制约

钢筋笼是钢筋灌注桩的主要组成部分，其加工、运输和吊装过程都需严格控制。加工时需提前根据现场吊车设备、钢筋笼的设计高度、钢筋的采购长度、运输便道的转弯半径等条件来确定单节钢筋笼长度及两节钢筋笼接头的连接方式；运输过程中要做好钢筋笼的固定工作，避免运输过程发生钢筋笼磕碰等质量事故及钢筋笼滑落等安全事故；起吊安装中要注意防止钢筋笼发生过大的变形（分节吊放），并且应对准孔位，吊直扶稳，缓慢下沉，避免碰撞孔壁，下沉至设计位置，应立即固定。

3.2.2 钢筋笼难以放入桩孔内

钢筋笼在吊装过程中由于桩孔发生缩孔、塌孔或钢筋笼发生变形等情况，导致钢筋笼被卡，难以全部放入桩孔内。

若由于钢筋笼加工不合格或运输吊装过程发生碰撞变形造成，则需利用吊车将钢筋笼提出桩孔，于现场进行修复，全部或局部拆除，重新绑扎焊接，使尺寸达到

要求为止。若由于桩孔问题导致卡孔现象，则应该先将钢筋笼提出，再重新对桩孔进行清孔，待孔壁及孔底沉渣满足要求后再重新吊装钢筋笼。

3.2.3 钢筋笼上浮

钢筋笼上浮是指在钢筋笼吊装后由于桩孔内浆液密度较大，钢筋笼所受浮力大于自身重力，而被托出桩孔外，出现上浮的现象。钢筋笼上浮需视情况进行处理，对钢筋笼上浮小于规范要求的，可不处理；若钢筋笼上浮超过要求，应及时在钢筋笼上部加压，使得钢筋笼回复回复原位，并应在钢筋笼上部加设锚固点，以控制其位移。

3.3 灌注混凝土所发生的特殊情况

3.3.1 卡管

卡管主要有两种情况，一种是初灌时隔水栓发生卡管，另一种是混凝土在灌注过程中发生卡管现象。

初灌时隔水栓发生卡管主要是由于混凝土本身的原因，如坍落度过小、流动性差，夹有大卵石、拌和不均匀，以及运输途中产生离析、导管接缝处漏水、雨天运送混凝土未加遮盖等，使混凝土中的水泥浆被冲走，粗集料集中而造成导管堵塞。处理办法一般用长杆捣击管内混凝土，用吊绳抖动导管，或在导管上安装附着式振捣器等使隔水栓下落。如仍不能下落时，则须将导管连同其内的混凝土提出造孔，进行清理修整，然后重新吊装导管，重新灌注。

混凝土卡管主要是因为机械发生故障或其他原因使混凝土在导管内停留时间过久，或灌注时间持续过长，最初灌注的混凝土已经初凝，增大了导管内混凝土下落的阻力，使得混凝土堵在管内。混凝土卡管处理方案较为复杂，所以主要是以预防为主，尽量避免发生混凝土堵管现象。当发生混凝土卡管现象后，可对已堵管采取敲击、抖动或提动导管（高度在30cm以内），或用长杆捣插导管内混凝土进行疏通；如无效，在顶层混凝土尚未初凝时，将导管提出，重新插入混凝土内，并用空气吸泥机将导管内的泥浆排出，再恢复浇筑混凝土。如可能则在混凝土受料平台处设置筛网，将超径石排除。当出现导管堵塞时，可使用高频振捣器在导管顶部进行振动处理，也可以将导管提起，然后突然放下，此时应注意不能将导管提升过高，以免导管底部升出混凝土顶面。

3.3.2 埋管

产生埋管的原因一般是因为导管埋入混凝土过深，或导管内外混凝土已初凝使导管与混凝土间摩阻力过大，或因提管过猛将导管拉断。

埋管事故发生，初时可用链滑车、千斤顶试拔。如仍拔不出，凡属并非因混凝土初凝流动性损失过大的情况，可插入一直径小的护筒至混凝土已灌混凝土中，用吸泥机吸出混凝土表面泥渣；或派工人下至混凝土表

面，在水下将导管齐混凝土面切断；拔出小护筒，重新下导管灌注。此桩灌注完成后，上下断层间，应予以补强。

3.3.3 塌孔

塌孔发生的原因一般是因为护筒底脚周围漏水，孔内水位降低，不能保持原有压力，以及由于护筒周围堆放重物或机械振动等，均有可能引起塌孔。

混凝土灌注过程中发生塌孔后，应查明原因，并采取相应措施，如移开重物、排除振动等，以防止继续塌孔，然后用吸泥机吸出坍入孔中的泥土。若不继续塌孔，可恢复正常灌注混凝土工作；如塌孔仍不停止，坍塌部位较深，宜将导管拔出，将混凝土钻开抓出，同时将钢筋抓出，保存孔位，再以低级配混凝土回填，待凝24h后重新造孔成桩。

3.3.4 灌注桩强度不能满足要求

由于钢筋灌注桩在浇筑过程中会发生各种质量事故，其后果均会导致桩身自身强度的降低，而不能满足设计的受力要求，因此需要作补强处理，补强工作一般采用压入水泥浆补强方法，其施工要点如下：

（1）对需补强的桩，除用地质钻机已钻一个取芯孔外（用超声波等无破损深测法探测的桩要钻两个孔），应再钻一个孔。一个用做进浆孔，另一个用作出浆孔。孔深要求达到补强位置以下1m，柱桩则应达到基岩。

（2）用高压水泵向一个孔内压入清水，压力不小于0.5～0.7MPa，将夹泥和松散的混凝土碎渣从另一孔冲洗出来，直到排出清水为。

（3）用压浆泵压浆，第一次压入水灰比为0.8的纯水泥稀浆，进浆管应插入造孔1.0m以上，用麻絮填塞进浆管周围，防止水泥浆从进浆口冒出。待孔内原有清水从出浆口压出来以后，再用水灰比0.5的浓水泥浆压入，使浆液得到充分扩散，应压一阵停一阵，当浓浆从出浆口冒出后，停止压浆，用碎石将出浆口封填，并用麻袋堵实。

（4）最后用水灰比为0.4的水泥浆压入，并增大灌浆压力至0.7～0.8MPa关闭进浆闸，稳压闷浆20～25min，压浆工作即可结束。

4 结语

钢筋灌注桩在施工过程中，遭遇的事故各不相同，处理方案也可因地制宜，灵活变化，在施工前充分的做好准备工作，对施工区域的地质情况做好勘察，做好合理的场地规划和技术方案，选用适当的造孔和浇筑设备，储备适量的应急施工材料，过程中严格把控重点项目，从特殊情况发生的根本原因着手，可尽量避免过程中发生意外，从而减少生产中的发生成本，创造最高效益。

地表注浆在葱坑隧道浅埋段施工中的应用

郭长海　黄　亮　何吉祥/中国水利水电第十四工程局有限公司

【摘　要】　葱坑隧道浅埋段注浆加固段140m（DK46＋120～DK46＋260），该段通过二叠系和石炭系地层接触带及断层，围岩十分破碎、软弱，受地表水地下水[1]的影响导致工程地质条件条件恶化。为确保后续施工安全及铺架工期满足开通运营要求，提高施工进度同时避免洞内施工干扰选择该段采用地表注浆法对软弱围岩进行加固。

【关键词】　软弱围岩　地表注浆　袖阀管　葱坑隧道浅埋段

1　工程概况

1.1　隧道地理位置及施工概况

葱坑隧道范围位于福建省三明市沙县境内，最高海拔为320.00m。隧道进口（DK44＋660）位于高砂镇椒畔村境内，出口（DK47＋201）位于虬江街道后底村境内，隧道全长为2541m，最大埋深约77m，最小埋深约5m。本隧道设计为双线客货共线隧道，正线间距4.4m，设计行车速度200km/h（货车160km/h）。

葱坑隧道位于DK46＋120～DK46＋260段穿越二叠系和石炭系地层接触带及断层，埋深20～30m，围岩十分破碎、软弱，受地表水及地下水的影响导致工程条件恶化，已无法进行正常掘进施工。考虑到铺架工期及施工运营安全，葱坑隧道DK46＋120～DK46＋260段采取地表注浆对隧道穿越围岩进行加固。

1.2　浅埋段工程地质

DK46＋100～DK46＋260段处于F3、F4断层及影响带，F3断层：C_1l石炭系下统石英砂岩与P_2l二叠系上统龙潭组炭质粉砂岩岩性分界，岩体较破碎；F4断层：断层两侧均为P_2l地层，断层宽度约10m，岩体较破碎。根据地表补勘及超前地质预报资料推测葱坑隧道剩余DK46＋100～DK46＋260段均为V级围岩，且受断层影响强烈，地下水十分发育。葱坑隧道位于DK46＋120～DK46＋260段穿越二叠系和石炭系地层接触带及断层，埋深20～30m，围岩十分破碎、软弱，受地表水及地下水的影响导致工程条件恶化，已无法进行正常掘进施工。根据福平公司组织的四方会议及专家评审会相关会议纪要要求，考虑到铺架工期及施工运营安全，葱坑隧道DK46＋120～DK46＋260段采取地表注浆对隧道穿越围岩进行加固。

2　施工布置

2.1　施工设备材料运输

施工便道选定按照既满足施工需要，又节省投资的原则，尽量利用地形条件。

地表注浆施工设备及注浆管运输选用利用后地村原有村道，但由于葱坑隧道进口地表注浆需要进场相关机械设备及注浆过程中所消耗的物资材料，因而在施工期间便道利用相对较频繁。将施工便道局部位置进行加固、扩宽、修整。同时为避免破坏当地原有村道，施工过程中也将采用洞内制浆，利用$\phi50$软管、输送泵，将洞内水泥浆输送至地表。

2.2　施工供水

葱坑隧道浅埋段DK46＋120～DK46＋260地表水丰富，可直接利用原地表沟渠、池塘等。

2.3　施工供电

地表施工用电利用葱坑隧道洞内原有供电系统从洞内牵引至地表处，牵引方式采用从地表打孔至DK46＋080（仰拱施作完成位置）拱顶，穿电线引至地表。

2.4　施工排水

施工排水在注浆段下游原有沟渠一侧设置围堰采用三级沉淀，并经沉淀池回抽至洞内经处理再进行排放。

3 施工程序和施工方法

3.1 施工程序

3.1.1 工艺流程

地表加固段测量放线→场地开挖平整→浇筑混凝土垫层→现场测量定位→钻孔施工→孔内套壳料置换→袖阀管安放（袖阀管采用$\phi50$和$\phi60$无缝钢管加工）→注浆施工→袖阀管清洗→（复灌→管内清洗，此两工序根据注浆后效果而确定是否增加）→质量检查及验收[3]，见图1。

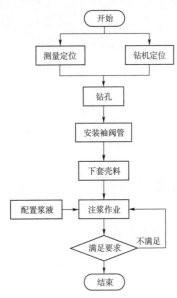

图1 工艺流程图

3.1.2 工艺方法

工艺方法见图2。

3.2 施工方法

袖阀管注浆工艺具有它独特的可靠性和安全性，袖阀管注浆的机理是通过花管上的橡胶密封圈进行闭浆从而达到可以单向重复注浆的效果。在需要加固段开设花管其余部均采用光管从而在有效的对需加固段进行加固的前提下进而节约材料和工期。

3.2.1 袖阀管制作

采用$\phi50$无缝钢管间隔30cm制作孔径1cm花管，布孔处两侧采用$\phi60$无缝钢管（长度1~2cm）焊接作为堵头，中间采用橡胶密封圈外裹防水胶带防止下管时出现密封圈磨损。袖阀管最下端一节一端需封堵避免套壳料及浆液进入管内[4]。

3.2.2 定位造孔

（1）采用全站仪、钢尺等工具按设计要求定出注浆孔孔位，定出孔位后，用油漆在地面上作出标记。

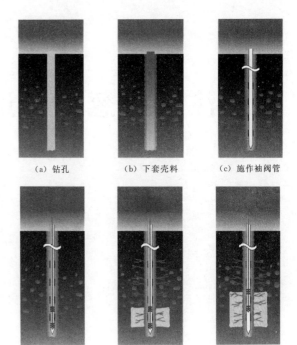

| (a) 钻孔 | (b) 下套壳料 | (c) 施作袖阀管 |
| (d) 开始注浆 | (e) 施作第一段注浆 | (f) 施作第二段注浆 |

图2 工艺方法

（2）钻机就位，钻机底部需平整稳固，钻机按标出的孔位垂直于地面进行钻孔，在开钻前利用水平尺对钻孔的垂直度进行检测，钻孔孔位水平偏差不大于5cm，钻孔垂直度误差不大于1/150。

（3）在钻孔过程中应做好详细的钻孔记录，对钻孔进行地质描述。

（4）钻孔顺序按照注浆顺序依次进行钻孔施工。

（5）地表注浆孔布置按照2m×2m梅花形布置，地表钻孔直径为91mm，钻孔长度为地表至隧底开挖线以下5m。

3.2.3 制备、置换套壳料

套壳料本次施工采用硫酸铝水泥加水加膨润土按照1.6:1:1拌制，成孔后立即通过注浆管将套壳料置换孔内泥浆，方法是将注浆管至孔底后上提一段，在注浆压力的作用下，通过注浆管将孔内泥浆置换成套壳料。随着套壳料的进入，泥浆从地面孔口置换出来，置换出来的泥浆通过钻孔口的泥浆沟排到泥浆循环池。在发现排出的完全是套壳料时，缓慢提出注浆管后停止置换，并使用硫铝酸盐水泥对袖阀管与孔身间隙进行封孔。

3.2.4 安设袖阀管

在套壳料置换完成后要立即分节把已经制作好的袖阀管通过钻机辅助依次放入置换完成套壳料的孔内，第一段须底部封堵，每段间采用焊接连接，依次下放到钻孔中，直到孔底，下放时尽量保证袖阀管的中心与钻孔中心重合，不需加固段之间采用光管完成。安设完成的袖阀管管口需要高于地面40~50cm，并且管口需要堵头进行封堵避免杂物进入孔内，在注浆时取下堵头进行注浆在注浆完成洗孔后需重新封堵保证可以重复注浆[5]。

3.2.5 注浆

(1) 注浆顺序首先对加固段边界孔注浆，加固段内采用排间分序，排内加密的原则进行钻孔注浆，孔内采用自下而上逐段注浆[6]，即在注浆段内由孔底进行注浆，注完第一注浆段后，后退注浆芯管，进行第二注浆段的注浆，以此下去，直至完成注浆段注浆。每段注浆段长为1m。利用水囊式或气囊式止浆塞后退式注浆工艺。

(2) 注浆加固段为隧道拱顶以上5m、隧底以下3m。

(3) 注浆材料采用1∶1水泥浆水玻璃进行双液浆注浆（须事先做双液浆胶凝试验）。水泥强度等级不低于42.5级的普通硅酸盐水泥。水灰比$W∶C=1∶1$，水玻璃浓度35Be，水泥浆∶水玻璃体积比$C∶S=1∶1$。

(4) 注浆压力为2～3MPa，如注浆量远超设计量且注浆压力达不到设计压力时，需停止注浆5～8h后重复注浆直到达到设计压力为止。

(5) 注浆结束标准为注浆各段进浆量小于0.3L/min，或总灌注量与设计数量大致相等，并达到设计终压后稳定10min及检查孔吸水量小于1L/min。

(6) 注浆过程中需对浆液流动性、进浆速度、注浆压力、进浆量等参数进行全过程记录。做好注浆记录，并保证记录的真实性。注浆中应密切注意注浆压力的变化，确保注浆施工效果。

3.2.6 封孔

注浆完毕后参照套壳料置换方法采用0.5∶1水泥浆对袖阀管进行置换后采用置换和压力灌浆封孔法进行封孔。

3.3 特殊情况处理

(1) 钻孔时串浆。串浆通常由于单孔注浆量过大、注浆压力过大速度过快、孔间距过小引起，出现钻孔串浆问题时，首先采取间歇注浆（间歇时间不得大于双液浆凝胶时间）；如继续串浆，需暂停注浆（暂停注浆应立即对袖阀管管身内部内进行清洗），待已注入浆液凝结后再继续注浆，并选择钻孔与注浆孔位置较远的孔位进行钻孔施工等措施防止串浆发生[7]。

(2) 地表或者孔口周边冒浆或者注浆压力长时间不上升。冒浆是由于套壳料封闭不牢或者地表裂隙较深与加固段连通导致，出现冒浆现象应及时采取间歇注浆（间歇切忌不得大于双液浆凝胶时间）或暂停注浆（暂停注浆应立即对袖阀管管身内部进行清洗），待浆液凝结后继续注浆。

4 质量检查

注浆完成后，必须对注浆效果进行检查，以确保注浆的质量。检查的方法主要有采用钻孔检查法。对于不符合要求的地段进行补孔注浆。

(1) 钻孔检查法：按总注浆孔的3‰设置检查孔，检查孔应在均布的原则下，结合注浆资料的分析布设；钻检查孔时没有空腔现象，注浆孔可以兼做检查孔。

(2) 检查孔注浆时压力上升很快，表明地层岩溶已注满浆液，基础密实。

5 注浆效果

5.1 注浆孔P-Q-t曲线分析

图3为随机选取29-07孔注浆记录小票（图4）中，注浆施工过程中典型P-Q-t曲线。

通过对P-Q-t曲线的分析，每个孔注浆过程中，每段开始时注浆压力较低，注浆速度约30～50L/min，随着注浆的进行，注浆压力呈上升趋势，注浆速率呈下降趋势，当达到设计终孔标准时，注浆终压达到设计2～3MPa，此时注浆速度小于0.3L/min，说明地层被有效加固。

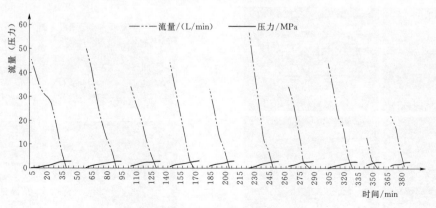

图3 注浆施工过程中典型P-Q-t曲线

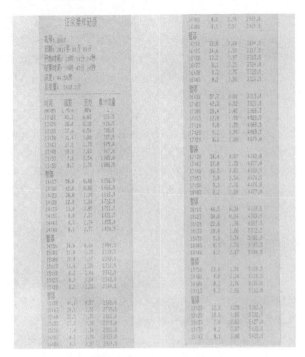

图4　注浆施工过程中注浆记录小票

5.2　检查孔取芯情况

地表注浆段共设置取芯检查孔8个，具体位置见表1。

表1　　　　　　　检查孔位置统计表

编号	检查孔位置	备注
JC-01	DK46+122 偏距-6.0m	试验段1范围
JC-02	DK46+135 偏距3.0m	试验段1范围
JC-03	DK46+148 偏距5.0m	试验段1范围
JC-04	DK46+171 偏距-7.0m	试验段2范围
JC-05	DK46+186 偏距-6.0m	试验段2范围
JC-06	DK46+199 偏距1.0m	试验段2范围
JC-07	DK46+225 偏距-5.0m	
JC-08	DK46+251 偏距2.0m	

各检查孔芯样照片见图5～图12。

图5　JC-01芯样照片

图6　JC-02芯样照片

图7　JC-03芯样照片

图8　JC-04芯样照片

图9　JC-05芯样照片

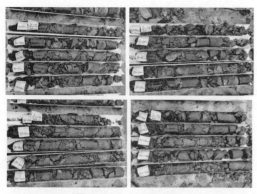

图 10　JC-06 芯样照片

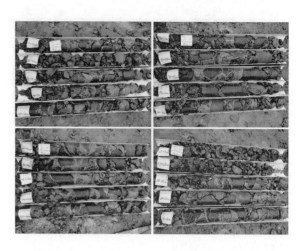

图 12　JC-08 芯样照片

从检查孔取芯情况来看，水泥浆填充明显可见且填充较饱满，每个检查孔取芯率较高，均在 80% 以上，达到预期加固效果。

5.3　检查孔压水试验

对取芯检查孔进行压水试验，6 个检查孔均满足设计要求（在 1MPa 压力下平均吸水量小于 0.2L/min），检查孔压水试验记录见图 13。

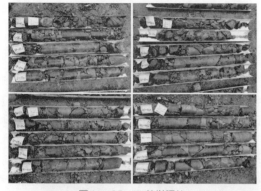

图 11　JC-07 芯样照片

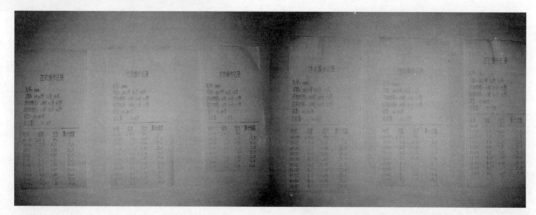

图 13　检查孔压水试验记录

5.4　掌子面开挖状态

注浆后，掌子面开挖过程中揭露围岩稳定性较好，袖阀管内外及周边浆液填充饱满，浆脉明显，且地下水发育情况得到有效控制，只存在局部滴状渗水，开挖顺利进行，通过监测隧道稳定，地层得到了有效的加固，掌子面注浆后情况见图 14。

5.5　监控量测数据分析

根据监控量测数据，对 DK46＋100～DK46＋120 段（未进行地表注浆加固处理）以及 DK46＋120～DK46＋135 段（进行袖阀管注浆加固处理）监控量测数据（拱顶下沉）进行分析，具体情况见表 2 及图 15、图 16。

图 14（一）　掌子面开挖后注浆效果照片

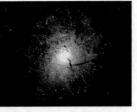

图 14（二）　掌子面开挖后注浆效果照片

表 2　　　　　　　　监控量测数据分析表

测点桩号	围岩级别	观测天数/d	累计沉降值/mm
DK46＋100	V	53	－232.43
DK46＋105	V	80	－236.10
DK46＋110	V	52	－331.51
DK46＋115	V	56	－289.43
DK46＋120	V	62	－79.45
DK46＋125	V	70	－61.77
DK46＋130	V	59	－50.21
DK46＋135	V	65	－53.7

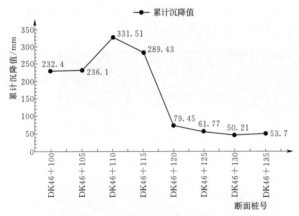

图 15　拱顶测点累计沉降纵向分布曲线图

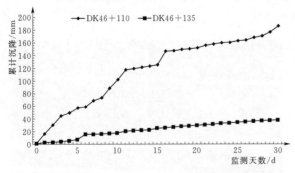

图 16　典型断面拱顶测点累计沉降时程曲线图

从图 15 数据分析情况可以看出，DK46＋100～DK46＋120 段（未进行地表注浆段）4 个监测断面的拱顶沉降累计值较大；DK46＋120～DK46＋135 段（进行地表注浆段）4 个监测断面的拱顶沉降累计值较小，相较于 DK46＋100～DK46＋120 段拱顶沉降下降很明显。沉降速率方面，从选取的 DK46＋110、DK46＋135 两个典型断面连续监测 30d 的拱顶沉降数据（图 16）分析来看，DK46＋110 累计沉降值和变形速率较大，伴有大的变形突变，而 DK46＋135 的累计沉降值以及变形速率相对于 DK46＋110 明显下降，且基本无围岩变形突变现象的产生。

从监控量测数据分析情况可以充分说明，地表注浆加固效果明显，围岩稳定性得到较大改善。

5.6　综合效果评定意见

DK46＋120～DK46＋200 段加固注浆施工过程中所有注浆孔每段都达到了设计压力 2～3MPa，终孔流量均小于 0.3L/min，注浆材料满足设计要求，检查孔取芯率均在 80％以上，综合以上几种效果检查及分析，注浆效果评定如下：DK46＋120～DK46＋260 段地表袖阀管注浆的施工，注浆加固效果较好，使该段地层得到了有效加固，满足开挖施工要求。

6　结语

针对隧道浅埋段不良地质情况，采用袖阀管地表注浆在南龙铁路葱孔隧道浅埋段的运用，通过实践证明，采取行之有效的注浆措施，通过地表注浆对软弱、破碎岩体的加固，固结效果明显，对加固后的隧道的施工安全及工期进度起到了很好的作用。

参　考　文　献

[1] 关宝树. 隧道工程施工要点集 [M]. 北京：人民交通出版社，2003.

[2] 王梦恕. 地下工程浅埋暗挖施工技术通论 [M]. 合肥：安徽教育出版社，2004.

[3] 邝健政，昝月稳，王杰. 岩土注浆理论与工程实践 [M]. 北京：科学出版社，2001.

[4] 霍小妹. 袖阀管注浆封闭截水施工技术 [J]. 施工技术，2011（20）.

[5] 杨书江. 袖阀管法注浆加固地层施工 [J]. 铁道建筑技术，2004（02）.

[6] 张旭芝，符飞跃，王星华. 软流塑淤泥质底层劈裂注浆加固试验研究 [J]. 地下空间，2003，23（4）：405-408.

[7] 张民庆，彭峰. 地下工程注浆技术 [M]. 北京：地质出版社，2008.

湿磨细水泥浆高压固灌技术在海蓄电站的应用

熊晓杰　郭婧舒/中国水利水电第十四工程局有限公司

【摘　要】　随着我国新兴能源的大规模开发和利用，抽水蓄能电站建设进入了快速发展期。本文介绍海南琼中抽水蓄能电站下斜井湿磨细水泥浆高压固结灌浆施工技术与应用。鉴于海南省目前不出产超细水泥，外省购进又存在运输不便、大量增加成本和超细水泥易受潮结块等问题。为此，在海蓄下斜井施工中利用普通水泥浆液经湿磨机磨细后用于高压固结灌浆，有效提高了浆液的可灌性，灌后斜井围岩整体透水率及岩体波速均满足设计要求。结合现场施工情况，探讨施工过程中应注意的问题，供参考。

【关键词】　湿磨水泥浆　高压固灌　海蓄电站

1　工程概况

海南琼中抽水蓄能电站位于海南省琼中县境内，工程建成后其主要任务是承担海南电力系统的调峰、填谷、调频、调相、紧急事故备用和黑启动等任务。电站距海南省海口市、三亚市直线距离分别为 106km、110km，距昌江核电直线距离 98km。

电站安装 3 台单机容量 200MW 的可逆式水泵水轮发电机组，总容量 600MW，为二等大（2）型工程。枢纽建筑物主要由上水库、输水系统、发电厂房及下水库 4 部分组成。

引水隧洞下斜井长 227.118m，其中直线段长 170.122m，上弯段长为 28.198m、下弯段长为 28.798m，斜井开挖断面为圆形断面，开挖直径为 9.6m，衬砌后直径均为 8.4m。灌浆顺序均为自下而上逐排灌注。

引水隧洞埋深 35～455m，基岩岩性为印支期侵入的中粒花岗岩与下白垩统鹿母湾组碎屑岩，岩体风化较强烈，强风化深度为 7～37m。

引水隧洞斜井段岩多呈微风化-新鲜状，围岩岩石坚硬，整体成洞地质条件较好，局部断层及岩脉穿过，断层及岩脉部位岩体较破碎～破碎。斜井围岩类别如下：二级斜井围岩类型主要为Ⅱ类～Ⅲ1 类，局部为Ⅲ2 类。斜井段地质构造虽不复杂，无规模较大的断层穿过洞室，但小型断层、岩脉相对较发育，仍有可能存在对洞室围岩稳定不利的规模相对较小的结构面及岩脉，不利于洞室稳定。根据设计要求湿磨细水泥浆高压固结灌浆，提高围岩的整体性和承压能力。

2　施工布置

2.1　制浆系统

采用高速搅拌机进行制浆，制备浆液过筛后，经水泥湿磨机细制成湿磨细水泥浆材由灌浆泵经 1 寸（1 寸≈3.33cm）钢管或胶管送至灌浆站提供灌浆用浆液；制浆站结构布置见图 1。

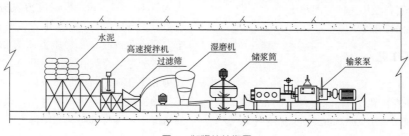

图 1　制浆站结构图

2.2 提升系统布置

提升系统包括井口平台、提升设备、运输小车、灌浆台车。

下斜井直线段固结灌浆施工人员、材料以及小型设备的运输采用提升设备牵引灌浆运输小车完成，提升设备的工作原理是用电动机通过传动装置驱动带有钢丝绳的卷筒来实现载荷移动，斜井直线段灌浆施工所需作业平台，由液压系统进行提升。

3 灌浆施工

3.1 灌浆材料

3.1.1 灌浆水泥

（1）灌浆水泥采用业主统供的"华润牌"P·O 42.5普通硅酸盐水泥。经搅拌均匀的普通水泥浆材，通过湿磨机制成湿磨细水泥浆。

（2）水泥细度要求为 $D95$ 不大于 $40\mu m$ 且 $D50$ 不大于 $12\mu m$ 的湿磨细水泥浆浆材，为保证湿磨浆液质量，对每一批水泥进行一次细度检测，检测仪器采用光透颗粒测试仪。湿磨细水泥检测细度要求按 SL 578—2012《湿磨细水泥浆材试验及应用技术规程》标准进行。

（3）灌浆用水泥必须符合规定的质量标准，不得使用受潮结块的水泥。严格防潮并缩短存放时间，水泥如果出厂超过3个月不再使用。

3.1.2 灌浆用水

灌浆用水符合拌制水工混凝土用水的要求。

3.2 制浆

（1）按照设计水灰比进行配料，搅拌均匀，高速搅拌机搅拌时间不少于30s，采用双层搅拌缸上缸进行拌制时，则搅拌时间不少于3min。经过水泥湿磨机90s的磨细加工制成；湿磨结束水泥细度检测结果见图2、图3，从检测结果可以看出，湿磨细水泥细度 $D50=10.78\mu m$，小于规范的 $12\mu m$；$D95=36.09\mu m$，小于规范的 $40\mu m$，从而得出检测结果符合设计要求。

（2）浆液配制的控制：水泥按包数进行控制，制浆用水采用水表进行控制。

（3）普通浆液开始制备至用完的时间应小于4h，湿磨细水泥浆浆液开始制备至用完的时间小于2h。

（4）浆液温度应保持在 $5\sim40℃$。

3.3 钻孔灌浆施工工艺

3.3.1 钻孔施工

下斜井直线段灌浆孔孔深7m，入岩6.27m，上下弯段除引 $0+663.803\sim$ 引 $0+680.000$ 洞段孔深为6.6m，入岩6m外，其余洞段孔深均为5.6m，入岩

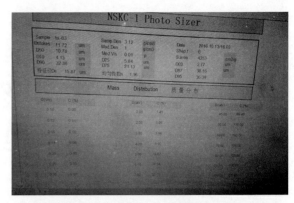

图2 湿磨细水泥检测结果

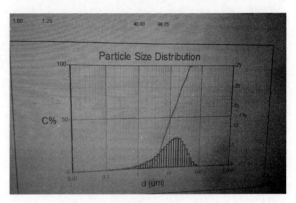

图3 湿磨细水泥检测曲线图

5m，均采用 YT28 型手风钻配 $\phi56$ 钻头一次性进行造孔灌浆，孔位偏差不大于20cm。

3.3.2 钻孔冲洗和裂隙冲洗

灌浆孔钻孔结束后，采用大流量的清洁水进行钻孔进行冲洗直至回水清洁并持续10min为止，冲净孔内岩粉、泥渣，孔底残渣不超过20cm。

固结灌浆孔采用裂隙冲洗和简易压水合并，压水压力采用灌浆压力的80%，大于1MPa的取1MPa；钻孔冲洗结束标准为回水澄清后10min，且总的冲洗时间要求单孔不少于30min，串孔时不少于2h。

3.4 灌浆施工工艺

采用孔口循环式（高压机械塞卡塞）进行灌注，具体见图4。

3.4.1 灌浆方法

下斜井采用自下而上分段灌注法进行灌浆。第一段为入岩 $1.5\sim7.0m$，第二段为入岩1.5m，第一段灌浆压力：下弯段为5.0MPa上弯段及直线段均为4.5MPa，第二段（孔口段）灌浆压力均为2.5MPa；其中灌浆采用环内分序，奇数孔为Ⅰ序孔（1、3、5、7、9），偶数孔为Ⅱ序孔（2、4、6、8、10）。

灌注过程中若出现灌浆孔串浆的现象，在条件允许的情况下，可将被串孔与主灌孔并联灌浆，孔数不宜多于3个。

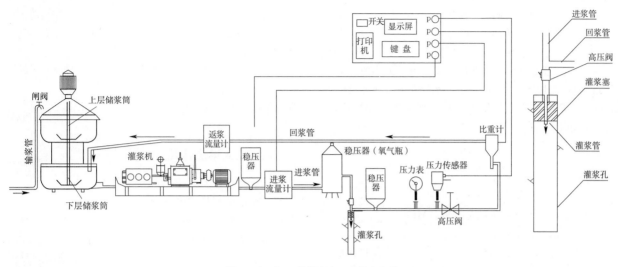

图 4　孔口循环灌浆法施工工艺流程图

3.4.2　灌浆压力控制

下斜井湿磨细水泥浆高压固结灌浆压力与注入率关系如表 1 所示。

表 1　　灌浆压力与注入率的匹配关系

灌段注入率 /(L/min)	≥50	50～30	30～10	<10	备注
灌浆压力 /MPa	0～0.5	0.5～2.0	2.0～4.5		设计压力

（1）在灌浆过程中还应控制好流量与压力的关系，PQ 值（压力×流量）应小于 50MPa·L/min。

（2）串浆孔灌浆压力的控制：在灌浆过程中发生串浆现象时，应采用灌浆塞及时分辨出浆液是否从混凝土与岩石接触面串出，若从混凝土与岩石接触面串出，则采取低压（压力控制在 0.5MPa 以内）浓浆慢灌方式进行灌注；若是岩石裂隙之间互串，则采取压力与注入率配比关系进行灌注。

（3）开灌后孔内注入率不超过 10L/min 的孔采用一次升压法让灌浆压力尽快达到设计压力，注入率大于 10L/min 的孔采用分级升压法灌注，升压幅度根据实际注入率参照表 1 确定，每分钟升压 0.1～0.5MPa，但必须保证注入率大于 10L/min 的情况下灌浆压力小于设计压力。

3.5　开灌水灰比及变浆原则

3.5.1　开灌水灰比

灌浆水灰比选用 3:1、2:1、1:1、0.8:1、0.5:1 五个比级水灰比灌注，固结灌浆开灌水灰比原则为 3:1，但针对灌前压水试验透水率 $q>10$Lu 时（或则钻孔冲洗不返水的孔），直接用 1:1 的浆液开灌。

3.5.2　浆液变换原则

浆液比级应由稀至浓，逐级变换。在灌浆过程中当灌浆压力保持不变，吸浆量均匀减少时，或当吸浆量不变，压力均匀升高时，灌浆工作持续下去，不得改变水灰比。当某一级水灰比浆液的灌入量已达到 300L 以上，或灌注时间已达 1h，而灌浆压力和注入率均无显著改变时，改浓一级灌注。当注入率大于 30L/min 时，可根据具体情况适当越级变浓。

3.6　灌浆结束标准

（1）当灌浆压力不小于目标时结束标准：达到目标压力后，注入率不大于 1L/min，稳压 30min 即可结束灌浆。

（2）达到灌浆结束标准后，应先把孔口的高压灌浆阀关住，后停灌浆泵，防止灌入浆量在卸压的瞬间流失。

3.7　灌浆孔封堵

以 0.5:1 比级结束后的灌浆孔，直接采用干硬性水泥砂浆进行人工封孔，封孔结束后必须并保证孔口与建筑物表面抹平齐。

以其他比级结束后的灌浆孔，须以 0.5:1 比级浆液与孔内浆液置换后闭浆 30min，再采用干硬性水泥砂浆进行人工封孔，封孔结束后必须并保证孔口与建筑物表面抹平齐。

4　灌浆质量检查

（1）固结灌浆质量检查：在灌前透水率和吃浆量较大部位集中采用单点法压水试验方式进行。检查的时间应在该部位固结灌浆结束24h后进行,检查孔的数量不少于灌浆孔总数的5%。压水压力采用灌浆压力的80%,如超过1MPa按1MPa检查。

(2)压水稳定标准:在稳定压力下,每3~5min测读一次压入流量。连续四次读数中最大值与最小值之差小于最终值的10%,或最大值与最小值之差小于1L/min时,本阶段试验即可结束,取最终值作为计算值,计算公式如下:

$$q = Q/PL \quad (1)$$

式中　q——透水率,Lu;

　　　Q——压入流量,L/min;

　　　P——作用于试段内的全压力,MPa;

　　　L——试段长度,m。

(3)固结灌浆检查合格标准:85%以上试段的透水率不大于设计规定值($q \leqslant 1.0$Lu),其余试段的透水率不超过设计规定值的150%,切不集中;固结灌浆检查合格标准按DL/T 5148—2012《水工建筑物水泥灌浆技术规范》执行。

(4)质量检查孔按灌浆孔要求进行灌浆封孔。

5　灌浆成果分析

5.1　灌浆成果统计及分析

本次提取下斜井湿磨细水泥浆高压灌浆10排孔来进行灌浆灌前灌后成果分析。

5.1.1　灌前压水试验成果统计

该段完成灌前压水22段,具体压水成果见表2。

表2　灌前压水成果统计表

灌区	孔数	段号	平均透水率/Lu	透水率频率/(孔/段)					
				总段数	<0.5Lu	0.5~1Lu	1~2Lu	2~5Lu	5~10Lu	>10Lu
下斜井	11	第一段	2.375	11	5		2	2	2	
		第二段	1.956	11	5	2		2	2	
			2.166	22	10	2	2	4	4	0

5.1.2　灌前压水试验成果分析

结合表2及现场情况分析可以得出以下结论:

(1)从表2可以看出:本次湿磨细水泥浆高压固结灌浆灌前压水试验平均透水率为2.166Lu,$q<0.5$Lu为10段,占总段数的45.4%;0.5Lu$\leqslant q<1$Lu为2段,占总段数的9.1%;1Lu$\leqslant q<2$Lu为2段,占总段数的9.1%;2Lu$\leqslant q<5$Lu为4段,占总段数的18.2%;5Lu$\leqslant q<10$Lu为4段,占总段数的18.2%。说明该岩体整体透水率为相对较弱。

(2)最大透水率7.254Lu,最小透水率0.034Lu,平均透水率为2.166Lu。

5.2　湿磨细水泥浆高压灌浆成果统计及分析

5.2.1　灌浆成果统计

本次湿磨细水泥浆高压灌浆,施工了112个灌浆孔,具体每个区间分序统计成果见表3。

表3　灌浆成果分序统计表

灌区	灌浆次序	孔数	段号	灌浆段长	单耗/(kg/m)	单位注入量频率				
						总数	<5kg/m	5~10kg/m	10~20kg/m	20~50kg/m	>50kg/m
下斜井	Ⅰ	56	第一段	357.08	32.52	56	5	8	11	19	13
			第二段		15.46	56	16	13	9	17	1
			小计		23.99	112	21	21	20	36	14
	Ⅱ	56	第一段	357.29	15.66	56	16	7	18	14	1
			第二段		5.05	56	33	15	8		
			小计		10.35	112	49	22	26	14	1
	合计	112		714.37	17.17	224	70	43	46	50	15

5.2.2　湿磨细水泥浆高压灌浆成果分析

(1)本次固结灌浆完成灌浆工程量为714.37m,平均单耗为17.17kg/m;其中单耗小于5.0kg/m有70段,占总段数的31.3%,单耗在5~10kg/m有43段,占总段数的19.2%,单耗在10~20kg/m有46段,占总段数的20.5%,单耗在20~50kg/m有50段,占总段数的22.3%,单耗在大于50kg/m有2段,占总段数的6.7%。

（2）从表 3 可以看出，大部分灌浆孔耗浆量（83.0%的灌浆孔单耗小于 20kg/m）相对比较小；说明本段灌浆，岩体整体吸浆相对较弱，与灌前压水试验成果也相匹配（81.8%的灌浆孔灌前透水率小于 5Lu）。

（3）Ⅰ序试验孔最大单耗为 55.26kg/m，最小单耗为 0.64kg/m，总体平均单耗为 23.99kg/m，第一段最大单耗为 116.0kg/m，最小单耗为 2.0kg/m，平均单耗为 32.52kg/m，第二段最大单耗为 55.56kg/m，最小单耗为 0.53kg/m，平均单耗为 15.46kg/m。Ⅱ序灌浆孔最大单耗为 25.0kg/m，最小单耗为 0.64kg/m，总体平均单耗为 10.35kg/m，第一段最大单耗为 106.6kg/m，最小平均单耗为 0.67kg/m，总体平均单耗为 15.66kg/m，第二段最大单耗为 24.31kg/m，最小单耗为 0.61kg/m，平均单耗为 5.05kg/m。总体平均单耗下降 56.9%，说明湿磨细水泥浆高压灌浆效果明显，递减规律明显，符合灌浆规律。

6 结语

湿磨细水泥浆高压固结灌浆技术在本工程中的施工工艺及技术可以将围岩的整体性及防渗能力提高到设计标准，从灌浆成果看湿磨细水泥高压固结灌浆在效果上是可靠的，施工流程及施工技术是可行的。

从灌浆设计、湿磨细水泥灌浆技术要求和灌浆成果分析等角度，介绍了海蓄电站下斜井采用普通水泥浆材的湿磨细水泥浆材高压灌浆的效果。结果表明：湿磨细水泥浆材中颗粒粒径明显小于普通水泥浆材中颗粒粒径；地质条件基本相同时，湿磨细水泥浆效果明显优于普通水泥浆材的灌浆效果，湿磨细水泥浆材对于细微裂隙发育岩体的灌浆效果显著；其成本略高于普通水泥浆材灌浆，但远低于化学浆材灌浆，使用湿磨细水泥能够在围岩情况较好、裂隙宽度较小的地质条件下，灌注更多的水泥浆液，以实现更好的防渗效果。

从灌浆成果上看，使用湿磨细水泥浆材灌浆能够在围岩情况较好、裂隙宽度较小的地质条件下，灌注更多的水泥浆液，以实现更好的防渗效果。

从下斜井灌后灌浆成果来看，海蓄电站下斜井湿磨细水泥高压灌浆满足设计标准及工程竣工验收标准。

参 考 文 献

［1］ 张维国，董珍妮 . 仙游抽水蓄能电站 1 号下斜井高压固结灌浆施工技术［J］. 水利科技，2013（04）.

［2］ 李宝勇 . 黑麋峰抽水蓄能电站引水斜井高压固结灌浆施工技术［J］. 水利科技，2010（01）.

［3］ 高明训 . 宝泉抽水蓄能电站湿磨水泥浆液在高压固结灌浆中的应用［J］. 科技风，2010（24）.

［4］ 杨俊海，王仕虎，张俊龙 . 惠州抽水蓄能电站高压灌浆施工技术［J］. 水利发电，2010，36（9）.

［5］ 中华人民共和国水利部 . SL 578—2012 湿磨细水泥浆材试验及应用技术规程［S］. 北京：中国水利水电出版社，2012.

［6］ 中华人民共和国国家能源局 . DL/T 5148—2012 水工建筑物水泥灌浆技术规范［S］. 北京：中国电力出版社，2012.

无盖重固结灌浆施工技术在海蓄电站的应用

叶华新　余　游　熊晓杰/中国水利水电第十四工程局有限公司

【摘　要】　海南琼中抽水蓄能电站引水支洞采用钢衬加回填混凝土的结构形式，如采用常规有盖重的方式灌浆，则须在钢衬上大量开孔，且与水道其他部分灌浆集中在后期施工，造成灌浆高峰期叠加，资源投入增加。为解决以上问题，海蓄电站根据现场围岩性质，选择合适的参数进行无盖重固结灌浆，取得了良好的技术经济效果。

【关键词】　无盖重　固结灌浆　海蓄

1　引言

常规抽水蓄能电站引水支洞钢衬段固结灌浆，均是在安装钢衬并回填混凝土后，待强度超过 50% 后进行。如此则造成后期灌浆工程量高度集中，且钢衬需大量开孔，给钢管制造安装造成很大困扰。经过现场反复研究、论证和试验，海南琼中抽水蓄能电站引水支洞钢衬段决定采用无盖重固结灌浆方式。

2　工程概况

琼中抽水蓄能电站位于海南省琼中县境内，工程建成后其主要任务是承担海南电力系统的调峰、填谷、调频、调相、紧急事故备用和黑启动等任务。电站安装 3 台单机容量 200MW 的可逆式水泵水轮发电机组，总容量 600MW，为二等大（2）型工程。枢纽建筑物主要由上水库、输水系统、发电厂房及下水库等 4 部分组成。

2.1　地质条件

琼中抽水蓄能电站引水隧洞埋深 35～455m，基岩岩性为印支期侵入的中粒花岗岩与下白垩统鹿母湾组碎屑岩，岩体风化较强烈，强风化深度为 7～37m。引水隧洞围岩多呈微风化-新鲜状，围岩岩石坚硬，整体成洞地质条件较好，局部断层及岩脉穿过，断层及岩脉部位岩体较破碎。围岩主要以 Ⅱ 类～Ⅲ₁ 类为主。

2.2　灌浆参数

引水主洞通过引水岔管分为三条引水支洞通入厂房，1 号引水支洞上游侧开挖断面为 7.7m×7.35m（宽×高）城门洞形，2 号、3 号引水支洞及 1 号引水支洞下游侧开挖断面为 3.588m×6.1m 马蹄形。

灌浆孔全断面布设，孔径 50mm，排距 1.5m，梅花形布置。1 号引水支洞上游侧灌浆孔孔深为 4.0m，1 号引水支洞下游侧、2 号和 3 号引水支洞灌浆孔孔深为 3.0m。

引水支洞无盖重灌浆按"环间分序，环内加密"的原则进行。单孔分两段灌注[1]，靠近孔口 1m 段为第 Ⅰ 段，剩余孔深为第 Ⅱ 段。第 Ⅰ 段灌浆压力为 0.8MPa，第 Ⅱ 段灌浆压力为 1.8MPa。

3　固结灌浆施工方法

3.1　灌浆施工材料及制浆

3.1.1　灌浆施工材料

（1）灌浆水泥采用华润 P·O 42.5 水泥。

（2）水泥细度要求通过 $80\mu m$ 方孔筛其筛余量不大于 5%。

（3）灌浆用水泥符合规定的质量标准，不得使用受潮结块的水泥，应严格防潮并缩短存放时间，出厂超过 3 个月的水泥需重新检验合格后方可使用。

3.1.2　制浆

固结灌浆采用纯水泥浆，利用制浆系统统一拌制。

制备浆液的各种材料必须按规定的浆液配合比进行称量配制，计量误差应小于 5％。浆液采用高速搅拌机拌制，拌制时间应大于 30s，搅拌均匀的浆液应测定浆液密度，浆液使用前用筛网过滤，普通浆液开始制备至用完的时间应小于 2h，浆液温度应保持在 5～40℃。

3.2　物探测试

引支钢衬段固结灌浆合格判定标准以灌后岩体波速提高程度为主，物探测试孔按灌浆孔 2.5％ 布置。

（1）灌浆前先进行物探测试孔的施工，孔深与相应位置的灌浆孔相同，采用地质钻机造孔，孔径 76mm。

（2）所有物探测试孔均应分别进行灌前、灌后的物探测试工作，包括灌前、灌后单孔声波测试、孔间声波剖面测试[2]。

（3）灌前、灌后物探测试钻孔均应按规范要求进行钻孔冲洗及裂隙冲洗。

（4）测试孔灌前、灌后均应进行压水试验。灌前物探测试工作完成后，对测试钻孔应妥善保护，保护措施可采用细砂或其他材料填充测试孔，以防灌浆时浆液串入孔内填堵钻孔，孔口亦应严加保护。

（5）物探测试孔，在灌后物探测试工作完毕后，应按相应的固结灌浆检查孔的封孔要求进行封孔。

声波测试装置见图 1。

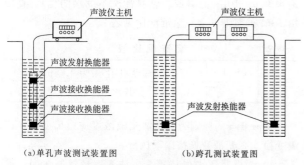

（a）单孔声波测试装置图　　（b）跨孔测试装置图

图 1　声波测试装置示意图

3.3　抬动观测

每个单元布置 1 个抬动变形观测孔。其要求如下：

（1）抬动孔孔深为该段的灌浆孔深。钻孔结束并经验收合格后，埋设 $\phi42$ 钢管，管中心埋设 $\phi25$ 钢筋并伸出管外，以安装千分表，管底 2m 冲填 0.5：1 水泥浆液，经待凝后完成相应的安装和调试工作，并在压水和灌浆过程中进行抬动变形观测。

（2）抬动变形观测派专人进行观测、记录。变形值上升速度较快时应加密测读，并密切注意动态。抬动变形允许值初拟为 200μm。

（3）抬动观测装置在观测时应严格防止碰撞、震动。在非观测期间亦应妥善保护，防止损坏。

抬动观测装置见图 2。

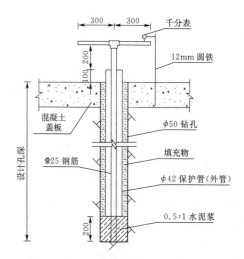

图 2　抬动观测装置示意图

3.4　固结灌浆施工工艺

固结灌浆施工方法采用分段灌浆，施工方式采用孔外循环式。施工工艺流程见图 3。

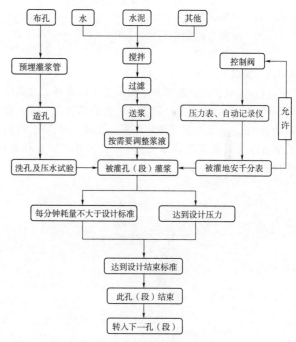

图 3　水泥灌浆工艺流程图

3.4.1　钻孔

钻孔严格按照设计图纸进行，孔深为入岩 3.0m/4.0m，灌浆孔采用 YT28 型手风钻和 $\phi50$ 钻头进行造孔，根据灌浆试验成果，引水支洞固结灌浆采用一次成孔，分段灌浆方式施工。灌浆孔孔位偏差不大于 20cm。钻孔结束，应报请质检、监理进行验收，检查合格，并经质检、监理签认后，方可进行下一步施工。

钻孔过程中注意回水颜色、地层变化、返水量等情况，遇有断层、破碎带、溶洞、涌水等异常情况，需要做好详细记录，并及时向监理工程师汇报，商讨适宜的处理措施。

3.4.2 冲洗

钻孔冲洗方法采用压力水进行敞开式冲洗，直至孔口返水澄清为止，孔内沉淀物厚度不得超过 20cm 为止。裂隙冲洗结合灌前简易压水进行，冲洗压力为灌浆压力的 80%，若该值大于 1MPa，则采用 1MPa。若遇塌孔严重的孔段可不进行裂隙冲洗和简易压水。

3.4.3 简易压水试验

为便于分析判断灌浆效果，各单元在灌浆前必须进行压水试验。应选择有代表性的钻孔作灌前压水试验，压水孔数量按灌浆孔总量 5% 取，压水试验采用简易压水法（单点法）。简易压水结合裂隙冲洗进行，压水压力为灌浆压力的 80%，若该值若大于 1MPa 时，则采用 1MPa，一般压水时间为 12~20min，每 3~5min 测读一次压入流量，取最后的流量值作为计算透水率。

计算公式：

$$q = Q/PL \tag{1}$$

式中 q——透水率，Lu；

Q——压入流量，L/min；

P——该段内的全压力，MPa；

L——该段段长，m。

3.4.4 灌浆

（1）灌浆方法。灌浆方式均采用孔口循环式（高压机械塞卡塞）自下而上分段灌注，孔底段长 2~4m，孔口均长 1m。钻孔一次成型，先灌孔底段，再管孔口段，孔底段灌浆时灌浆塞位于孔内 1m 处，射浆管至孔底；孔口段灌浆时另换灌浆塞卡在孔口位置，见图 4。

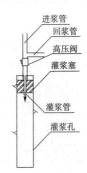

进浆管
回浆管
高压阀
灌浆塞
灌浆管
灌浆孔

图 4 循环式灌浆样图

灌浆施工分两序进行，按环间分序进行灌注。相邻的 I 序孔灌浆完成后进行 II 序孔灌浆。在注入量较小的地段，可并联灌浆，孔数不宜多于 3 个。灌注过程中若出现灌浆孔串浆的现象，在条件允许的情况下，可将被串孔与主灌孔并联灌浆，孔数不宜多于 3 个。灌浆采用三参数自动记录仪进行记录。

（2）灌浆施工过程中压力的控制。

1）引水支洞钢衬钢段灌浆目标压力 1.8MPa。开灌后孔内注入率不超过 10L/min 的孔采用一次升压法灌浆让灌浆压力尽快达到设计压力，注入率大于 10L/min 的孔采用分级升压法灌注，升压幅度根据实际注入率参照表 1 确定，每分钟升压 0.1~0.5MPa，但必须保证注入率大于 10L/min 的情况下灌浆压力小于设计压力。

表 1　灌浆压力与注入率的匹配关系

灌段注入率/(L/min)	≥30	30~10	<10	备注
灌浆压力/MPa	0~0.5	0.5~1.0	1.8	

在灌浆过程中必须控制好流量与压力的关系，PV 值（压力×流量）应小于 40MPa·L/min；在灌注过程中若出现单孔吸浆量累计超过 1000L 还未结束的孔，应立即报告监理工程师，并待凝 4~8h 后，扫孔再进行复灌。

2）串浆孔灌浆压力的控制：在灌浆过程中发生串浆现象时，则采取浓浆慢灌方式进行灌注。

3）灌浆过程中应严密监视周边变形及漏浆情况，在具体的灌浆过程中加强对相交处的监测，如发现异常现象，应立即降压并报告有关人员，并做好详细记录。

（3）灌浆施工过程中浆液变换的控制。固结灌浆浆液水灰比一般采用 3:1、2:1、1:1、0.8:1、0.6:1 五个比级，开灌水灰比采用 3:1，但针对灌前压水试验透水率 $q>10$Lu 时（或者钻孔冲洗不返水的孔），直接用 1:1 的浆液开灌。浆液配比见表 2。

表 2　浆液配比表

比级	3:1	2:1	1:1	0.8:1	0.6:1
比重	1.206	1.28	1.50	1.59	1.72

浆液变换的原则为固结灌浆液浓度应由稀变浓，逐级变换[3]，浆液变换按以下执行：

1）当灌浆压力保持不变，注入率持续减少时，或当注入率不变而压力持续升高时，不得改变水灰比。

2）当某一比级浆液的注入量已达 300L 以上或灌注时间已达 1h 而灌浆压力和注入率均无改变或改变不显著时，应改浓一级，当注入率大于 30L/min 时，可根据具体情况适当越级变浓。

（4）结束标准。固结灌浆结束标准：在设计压力下，注入率不大于 1L/min 时，延续灌注 30min，可结束灌浆。达到灌浆结束标准后，应先把孔口的高压灌浆阀关闭，后停灌浆泵，防止灌入浆量在卸压的瞬间流失[4]。

（5）封孔。灌浆结束后，固结灌浆孔封孔采用"全孔灌浆封孔法"[1]，封孔浆液配比为 0.6:1（W/C），封孔压力为该段的设计灌浆压力，封孔结束标准为不吸浆后延续灌注 10min 结束。孔口采用人工拌制干硬性水泥砂浆封堵密实，孔口与混凝土面抹平。

3.4.5 特殊情况处理

（1）串浆处理。被串孔正在钻进时，应立即停止钻进，条件可能下，被串孔与施灌孔同时灌注，但注意防止混凝土抬动。否则用灌浆塞塞紧，灌浆结束后应立即将被串孔扫孔洗净，重新灌浆。

（2）中断处理。灌浆过程中，若因故中断，应尽早恢复灌浆，中断超过30min时，应进行钻孔冲洗，若冲洗无效，应扫孔复灌，复灌时浆液浓度从起灌水灰比开始灌浆。

（3）冒浆处理。若灌浆时出现裂隙处冒浆情况，先采用堵漏王将冒浆处封堵，后用低压慢灌、间歇灌浆等方法进行灌浆施工。

（4）耗浆较大处理措施。

1）灌浆时已使用最大浓度浆液灌注，吸浆量仍较大，可采用低压慢灌、间歇灌浆等方法。耗灰量较大的灌段，灌后必须进行待凝，以免造成待凝过短，水泥凝结强度过低，无法承受较大的灌浆压力而被冲开，耗灰量又猛增的现象，若待凝时间8h仍出现上述现象，待凝时间可增至12h。

2）如采用上述方法仍无效果时，可加入适量的水玻璃，以缩短浆液的扩散范围。

（5）涌水处理。当灌浆孔段涌水压力超过 2kg/cm^3 时，灌浆结束后，应屏浆30min。

3.5 固结灌浆效果检查

在灌浆前和灌浆后由业主或监理工程师按固结灌浆孔的 2.5% 布置声波测试孔，进行声波测试，对比灌浆前后弹性模量的变化。

固结灌浆压水检查孔在灌浆完成后由监理指定，每个单元按设计总孔数的 5% 布置检查孔进行压水检查，同时利用灌浆前布置的物探孔对各单元灌后岩体波速进行测试。固结灌浆质量及效果检查，以灌浆前、后岩体物探测试成果为主，以钻孔压水试验成果为辅，结合实际地质资料由设计进行综合评价。

固结灌浆声波测试实际结果为：引水支洞固结灌浆灌后声波波速满足波速达标评价标准，其综合声波测试显示灌浆前后波速提高率为2.06%。

固结灌浆压水检查实际结果为：1号引水支洞平均透水率为0.23Lu，2号引水支洞平均透水率为0.16Lu，3号引水支洞平均透水率为0.19Lu，最大透水率为0.76Lu，所有检查孔透水率都小于3Lu，符合水泥灌浆合格标准，灌浆质量满足设计文件和 DL/T 5148—2012《水工建筑物水泥灌浆施工技术规范》要求。

4 结语

海南琼中抽水蓄能电站引水支洞无盖重固结灌浆所采用的施工工艺，包括钻孔方式，灌浆方式、方法以及灌浆过程控制等工艺措施是可行的，灌浆成果完全满足规范要求。

无盖重固结灌浆提前至引水支洞钢衬安装前施工，减少了 90% 钢衬开孔量，在后期灌浆高峰期减少了 2400m 灌浆工程量，节省了人员、设备的投入，经济效益显著。

参 考 文 献

［1］ 颜志恒，沈琦. 表面封闭式无盖重固结灌浆技术在大型地下电站引水隧洞中的应用［J］. 中国水运，2013（10）：311－313.

［2］ 熊建军，赵东海，刘涛. 无盖重固结灌浆在杨房沟导流隧洞施工中的应用［J］. 人民长江，2016（20）：70－73.

［3］ 中国电力企业联合会. DL/T 5148—2012 水工建筑物水泥灌浆施工技术规范［S］. 北京：中国电力出版社，2012.

［4］ 马洪琪，周宇，和孙文. 中国水利水电地下工程施工［M］. 北京：中国水利水电出版社，2011：482－483.

浅谈深蓄抽水蓄能电站引水支管钢衬砌接触灌浆施工

常昆昆　马军峰/中国水利水电十四工程局有限公司

【摘　要】 钢衬接触灌浆是用浆液灌入混凝土与钢板之间的缝隙，以增强接触面结合能力的灌浆，这种缝隙是由于混凝土的凝固收缩而造成的。通过接触灌浆改善接触面的完整性，提高钢管的抗变形能力。

【关键词】 钢衬　接触面　灌浆

1　工程概况

深圳抽水蓄能电站位于深圳市东北部的盐田区和龙岗区内，距深圳市中心约 20km。本工程为 I 等工程，由上水库、下水库、输水系统、地下厂房系统及开关站、场内永久道路等部分组成。电站装机容量为 1200MW，电站主厂房内安装 4 台单机容量为 300MW 的单级可逆混流式水泵水轮机-发电电动机组。

1～4 号引水支管均为城门洞型断面，标准开挖断面尺寸 5.2m×5.2m，距厂房上游边墙 9.468m 段的开挖断面为 3.63m×3.63m。采用钢管衬砌，钢管主板材为 600MPa 级高强钢，上游侧钢管内径 4m，下游侧钢管内径 2.34m，中间设置长度为 9m 的锥管段，内径由 4m 变至 2.34m，钢管安装轴线高程由 －4.215m 降至 －5.000m。钢管衬砌完成进行外包混凝土施工，为了填补混凝土收缩而引起空洞，设计进行接触灌浆。

2　接触灌浆的原因

在钢衬或钢板的底部衬砌施工中都存在一定的缝隙，这种缝隙主要由两个原因造成：一是在钢板混凝土正常浇注过程中，钢板底部的混凝土振捣不彻底，很难保证钢板与混凝土之间完成接触好，致使钢板底部形成一定的缝隙；二是混凝土在凝结过程中由于自重作用和混凝土收缩（或干缩），使混凝土与钢板之间形成缝隙。

由于钢衬洞段承受的内水压力很高，通过接触灌浆把钢衬底部的缝隙填满，保证钢衬能够承担内水压力，不至于钢衬产生变形。

3　接触灌浆方式

深蓄电站的引水支管采用钢管衬砌，在钢衬的底部衬砌施工中都存在一定的缝隙，需进行接触灌浆，由于引水支管承受的内水压力高，钻孔灌浆不仅对钢衬母材造成损伤，另外钢衬属于高强钢板，不易钻孔和封孔。因此采用埋管方式进行灌注。

4　接触灌浆施工流程

灌浆预埋管的布置→灌浆预埋管的加工与安装→灌浆预埋管的检查与维护→灌前脱空区域的检查→压水通风工作→灌浆施工→质量检查。

5　接触灌浆施工

5.1　接触灌浆预埋管的布置

根据钢衬混凝土正常浇筑情况，以及现场敲击检查，脱空区域主要集中在钢管底部 90°范围，另外在引水支管钢管的声波检查情况看，出现较大缝隙的部位也在钢管底部。因此钢衬接触灌浆主要集中在钢管底部 90°范围。

由于钢衬段比较长，接触灌浆应分灌区进行布置，灌浆区布置的原则：

（1）保证预埋管的出浆口与缝面连同顺畅。

（2）灌浆管路尽量顺直、弯头少。

（3）同一灌区的进浆管和回浆管管口集中，便于区分。

根据上述原则，结合浇筑时间和接触灌浆待凝时间的因素，按三个加劲环（30m左右）之间浇筑段为一个灌区。每个灌区由进浆管和回浆管（兼排气管）组成。

由于埋管灌浆只能一次进行，为了保证缝面的可灌性，每个灌区安设两根进浆预埋管，三根回浆预埋管，预埋管均采用1寸（1寸≈3.33cm）的铁管，其中回浆管为花管。

5.2 接触灌浆预埋管的加工与安装

5.2.1 预埋管的加工

（1）花管（回浆管）的制作。采用$\phi25$无缝厚壁空心钢管制作，在$\phi25$无缝钢管上每10cm钻1个$\phi8$的灌浆孔，在钻孔时必须把钢管固定好，保证钻孔的孔位在同一平面上。在制作之前必须检查管路的通畅性，尽量采用新购置的灌浆管。进浆管则不需钻孔。

（2）加劲环段灌浆管路和端部弯管制作。加劲环段灌浆管路制作：取15cm长的短管五根，其中三根把两端都切45°的斜口（在切的过程中两端的斜口在同一方位上切割，保证下一步的焊接能对上），另外两根的其中一端切45°的斜口，通过焊接方式把五根短管连接成一体。

端部弯管制作：把灌浆管加工成与钢管相同弧形的管路，然后在侧面按设计图纸的进浆管和回浆管连接部位开五个口，采用焊接方式把15cm长的短管焊接在开口上。

焊接完成后还应检查其畅通性和缝隙的密封性。若缝隙没有完成焊接好，在安装时必须在缝隙上涂抹上工业肥皂，保证其密封性。

（3）灌浆管接头加工。由于灌浆管采用1寸的接头进行连接，而接头的厚度有3.5mm，在安装时无法保证灌浆管两端完全与钢管紧贴，因此在安装前必须把接头（靠钢管端）采用角磨机尽量磨薄。

5.2.2 预埋管安装

（1）接触灌浆预埋管路和部件的加工严格按照设计图纸进行，加工完成后应逐件清点检查，合格后方可运送至现场安装。

（2）在安装前每个灌浆孔均需用工业肥皂进行临时封堵，安装过程中必须保证每根预埋管上的灌浆孔与钢管紧贴，预埋管与钢管外壁采用点焊连接，点焊要求牢固可靠，焊条必须采用高强钢焊条。

（3）灌浆管路连接完毕后还需用钢筋进行固定，防止在浇筑过程中灌浆管产生位移、接头断开或损坏，导致水泥浆液流入预埋管内，将灌浆管堵塞。

（4）灌浆管路安装完成后，需标识清楚每根进回浆管，并绘制该灌区灌浆布置图，防止灌浆时灌浆管路混淆不清。

5.3 接触灌浆预埋管的检查与维护

保证预埋管系统的完好，是保证钢衬接触灌浆质量

的一个重要措施，若这道工序控制不严，常会发生灌浆管路堵塞的情况。具体要求如下：

（1）由于每个灌区由多仓混凝土浇筑组成，因此在每一仓混凝土浇筑前后应对灌浆系统进行检查（即在先一仓浇筑混凝土拆模后和后一仓混凝土浇筑前，均应对预埋灌浆系统进行通水检查），发现问题，及时处理。

（2）整个灌区形成后，应对灌浆系统通水进行整体检查并做记录，确保管路系统符合要求。

（3）在混凝土浇筑过程中，应对灌浆系统进行维护，防止管路系统被破坏。

（4）由于灌浆管在底部，在清洗浇筑仓面时，应把灌浆管路用闸阀接好，防止污水流入管内，造成管堵堵塞。

5.4 灌前脱空区域的检查

为了检查脱空区域和对比灌浆前后的效果，在灌浆前需进行脱空区域检查工作。目前普遍采用的检查方式为敲击检查，该检查方式主要根据锤击声音确定，受外因影响较大，如所采用锤子的材料构成、重量；作业人员敲击力度；敲击时锤面角度；听取声音判断人员所处角度等，上述各因素均不断变化，人耳所听到的声音也会有所不同，此外敲击人员与辅助人员长时间敲击对脱空的判断亦会有所偏差。所以在敲击检查时要求敲击人员应尽量采用统一材料构成的锤子进行敲击，人员应以同一个人为宜，在敲击过程中始终保持铁锤正面敲击，尽量避免以锤头的不同面或不同棱角交替敲击钢衬，若需要长时间敲击时，特别时需要对脱空深度作出判断时，应每隔一段时间就在密实处敲击与脱空部位的声音对比进行判断。

敲击检查工作完成后，除在实物上标识脱空范围及开孔位置外，还应参照实物结构展开成平面绘制脱空图，绘图时，应尽量采用专业绘图的方格纸，根据现场某固定点制定坐标系，确保脱空图的准确性，以方便后续工作作出准确判断。

5.5 灌浆前的准备工作

5.5.1 对灌区进行压水试验

在灌浆前进行压水工作是对灌浆施工的模拟，以摸清各灌浆管路的畅通性，压水时可在水中添加高锰酸钾染色以区分空腔内原存在的积水，在预埋灌浆管的外侧堵头部位，染了色的水还可以方便检查外漏点，提前进行堵漏，减少灌浆时因存在外漏点使灌浆无法结束，造成浆材的浪费或造成堵管。另外，根据压水记录还可以初步估算灌浆工程量。压水压力应小于灌浆压力。

5.5.2 通风工作

通风工作主要是用来吹干灌浆预埋灌和缝隙内的水。在进行通风工作时，压缩空气应进行油水分离或过滤，避免将污物带入缝面。风压应小于灌浆压力。

5.5.3 施工准备

灌浆施工在前期准备充足后进行，根据估算耗浆量配备相应的灌浆设备，保证灌浆施工期间不会因为设备、材料不足的原因导致灌浆中断。灌浆施工压力控制一定要严格，因为钢管通常承受外压能力有限，一旦压力超过钢衬承受能力，则将会引起钢衬拱起。除控制好压力外，还应加强抬动观测，一旦有异常变化，即可停止灌浆，防止钢衬发生变形。

5.6 灌浆施工

5.6.1 接触灌浆条件

接触灌浆必须在混凝土浇筑完成 60d 后方可进行灌浆施工，由于混凝土经过 2 个月的散热，混凝土的收缩已基本处于稳定。

5.6.2 灌浆压力

引水钢管灌浆压力为 0.3MPa。接触灌浆压力必须以控制钢衬变形不超过设计规定值为准。

5.6.3 水灰比

钢衬接触灌浆采用水泥浆液进行灌注，浆液水灰比采用 0.8：1、0.6（或 0.5）：1 两个比级，开灌水灰比采用 0.8：1 进行灌注。

5.6.4 灌浆顺序

钢衬预埋管接触灌浆必须从进浆管开始灌注，由于进浆管没有钻孔，因此浆液可直接灌入最末端，然后通过回浆管把系统内的空气全部排除。灌浆时利用回浆管上的灌浆孔对缝隙进行灌注。

5.6.5 灌浆要求

（1）在灌浆过程中，灌浆管排除浓浆后（即排出的浆液比重必须与进浆管的浆液比重相同），方可关闭孔口阀门。

（2）在灌浆过程中，应对脱空区域用锤子进行敲击，使尽量浆液能填满缝隙。

（3）灌浆结束条件：达到设计压力下，灌浆管停止吸浆，延续灌注 5min，即可结束。

（4）灌浆结束时，应先关闭各管口阀门后再停机，闭浆时间不少于 8h。

5.6.6 特殊情况处理

（1）灌浆过程中发现浆液外漏，应先从外部进行堵漏。若无效再采用再采用灌浆措施，如加浓浆液、降低压力等进行处理，但不得采用间歇灌浆。

（2）灌浆过程中发现串浆至另一灌浆区，当串浆区已具备灌浆条件时，应同时灌浆。否则应采取以下措施：若开灌时间不长，应使用清水冲洗灌区和串区，直至灌区和串区的所有灌浆管出水洁净时止，待串区具备灌浆条件后再同时进行灌浆；若灌浆时间已较长且串浆轻微，可再串区通低压水循环，直至灌区灌浆结束，串区循环回水洁净为止。

（3）灌浆过程中，当进浆管和备用进浆管均发生堵塞，应先打开所有的灌浆管管口，然后在防止钢管变形内尽量提高进浆压力，疏通进浆管路。若无效可再换用回浆管进行灌注。

（4）灌浆因故中断，应立即用清水冲洗管路和罐区，保证灌浆系统通畅。恢复灌浆前，应再做一次压水检查，若发现灌浆管路不通畅，应采取补救措施。

5.6.7 质量检查

钢衬接触灌浆质量检查，应在灌浆结束后 14d 后采用锤击法或其他方法（可用声波检测）进行检查。在引水支管已灌浆区域的锤击检查中，大面积的脱空部位已基本被灌满。

6 施工经验和建议

6.1 更换埋设材料方式

引水支管钢衬接触灌浆采用钢管钻孔埋设方式。由于钢衬底部混凝土的结石情况是不可预见的，混凝土干缩成型无规律可循，一般的区域多因脱空深度不均匀，采用钢管钻孔的方式进行灌注，若脱空区域刚好只有一个灌浆孔，则没有排气的部位，可能造孔局部的脱空。而改用三角铁进行埋设，则可保证缝隙与浆液连续均匀接触，保证灌浆质量。

6.2 增加外掺剂

采用水泥浆液进行灌注时，一般都采用较浓浆液进行灌注，以减少或避免浆液泌水后形成新的空隙，但浓浆液因黏度太大，对较小的缝隙灌注困难，因此建议适当加入少量的减水剂。

清蓄电站输水隧洞高压固结灌浆施工技术

【摘　要】　近些水利水电工程中为处理复杂地质情况在科研、设计和施工单位等做了大量的研究和尝试，随着工程技术的发展，机具设备的完善，高水头、长引水隧洞电站以及抽水蓄能电站广泛应用，本文结合已完工工程的施工经验和清蓄电站高压隧道固结灌浆施工管理，以受地质条件薄弱带影响较大，施工技术难度高和风险较大的几个核心部位进行总结，主要通过现场施工技术的处理，探讨施工过程中应注意的问题，供参考。

【关键词】　电站　隧洞　高压　灌浆技术

1　概述

水工建筑物水泥灌浆施工技术规范规定[1]，隧洞灌浆分为低压和高压灌浆，随着水电施工技术的发展，高水头、长引水隧洞电站以及抽水蓄能电站广泛应用，大量高压水道的应用为隧洞高压固结灌浆技术的发展提供良好的平台。目前国内已有不少高水头电站隧洞固结灌浆采用了高压灌浆工艺。

在广州抽水蓄能电站、小湾电站坝肩抗力体置换洞、惠州抽水蓄能电站输水系统、四川华能小天都水电站引水系统等多个工程中广泛进行了隧洞高压固结灌浆施工，取得了比较好的效果。

1.1　工程概况

清远抽水蓄能电站输水系统均按一洞四机形式布置，电站装机容量128MW（4×32MW），最高净水头502.7m，清蓄电站水道全长2779m。水道系统由上库进出水口及闸门金、上平洞、竖井、中平洞、斜井、下平洞、引水岔管、引水支管、尾水岔管、尾水支管、尾水调压井、尾水隧洞、下库进出水口及闸门井、施工支洞2号、3号、4号、6号堵头等组成，上游引水隧洞长1765m，下游尾水隧道长1014m。

1.2　地质条件

清蓄电站水道系统沿线为中低山，地表植被发育，地形较完整。岩性为微风化-新鲜花岗岩岩体，大部分

为Ⅰ～Ⅱ类围岩，工程地质条件较好，其中，中平洞、斜井、下平洞、高压岔管、引水支管等部位的岩性、地质构造、地下水出露情况如下：

（1）中平洞。深埋于燕山三期花岗岩体中，洞顶以上覆弱微风化岩厚度200～332m，共揭露7条断层，各断层规模不大，宽度为0.05～2m，倾角均为陡倾角，断层走向与洞轴线交角35°～80°。除f414为强风化构造角砾岩外，其余均为全风化构造角砾岩、糜棱岩，见高岭土化蚀变。各断层带两侧影响带不明显，但透水性好，均有地下水呈渗滴状-线流状出露。

（2）斜井。深埋于燕山三期花岗岩体中，洞顶以上弱微风化岩厚度332～501m，共揭露8条断层，除断层f29和f71宽度达3～4m外，其余断层带规模较小，宽度为0.05～1m，倾角均为陡倾角，断层走向与洞轴线交角25°～80°，其中f71断层与洞线交角最小，为25°。除f71断层为强风化夹全风化状，蚀变外，其余断层带基本为强～弱风化状构造片状岩、裂隙密集带，个别为石英晶洞和适应结晶蚀变。开挖揭露东西向断层带均有地下水呈渗滴状-线流状出露，其余断层带组无地下水出露。

（3）下平洞。深埋于燕山三期花岗岩体中，洞顶弱微风化岩厚度379～501m，共揭露8条断层，除断层f26宽度达5～8m，断层f27由3条平行蚀变带组成，其影响范围达5～8m外，其余断层带规模较小，宽度为0.03～0.50m，倾角均为陡倾角，除断层f236走向与洞轴线交角较小，为27°外，其余断层走向与洞

轴线交角均较大，为 $60°\sim90°$。除断层 f236、f243、f244 为强风化裂隙性断层带外，其余断层带均为全风化状蚀变岩。开挖揭露断层带均有潮湿及地下水呈渗滴状出露现象。

（4）高压岔管及引水支管。深埋于微风化-新鲜花岗岩体中，洞顶以上弱微风化岩厚度为 $346\sim379\mathrm{m}$。岩体完整，岩质坚硬，局部有蚀变岩和闪长玢岩脉，蚀变带含石英晶体，手捏易碎，范围较小；闪长玢岩脉延伸短，与围岩接触良好，岩石完整坚硬，呈微风化状，主要为Ⅰ类围岩，少部分为Ⅱ类围岩，工程地质条件好。

2 灌浆参数及施工

2.1 灌浆参数

高、低压灌浆洞段划分参照《广东清远抽水蓄能电站工程施输水隧洞灌浆施工技术要求》[2]，把整个输水系统按照灌浆压力的大小分为高压和低压洞段，即灌浆压力小于 $4.5\mathrm{MPa}$ 为低压灌浆，灌浆压力不小于 $4.5\mathrm{MPa}$ 为高压灌浆。灌浆施工设计参数见表1。

表1 高压输水隧洞灌浆设计参数表

工程部位	开挖断面/m	间排距/(m/排)	入岩孔深/m	灌浆压力/MPa	灌注方式
中平洞	$\phi10.6$	2.5	3.0	4.5	一次灌注
斜井	$\phi10.6$	3.0	6.0	$6.5\sim7.5$	一次灌注
下平洞	$\phi10.6$	3.0	$6.0\sim9.0$	7.5	分段二次灌注
高压岔管	$\phi10.1$ 渐变为 $\phi5.2$	1.0 或 1.5	$6.0\sim9.0$	7.5	分段二次灌注
引水支管	$\phi5.2$	3.0	3.0	3.0	一次灌注

2.2 施工原则

结合工程实际工况及特点，对于清蓄电站高压隧洞

几个高压部位，针对如何控制灌浆压力，防止混凝土及岩体劈裂，有效控制灌浆效果，制定出高压固结灌浆施工原则具体如下述：

（1）中平洞。采用环内分序、加密全孔一次灌注，由低处往高处分序逐排灌注，环内由底孔至顶孔灌注。机械塞塞入混凝土与岩石接缝面，压力控制在 $2.5\mathrm{MPa}$，为防止抬动采取 PV 值采取压力控制在 40，待凝逐级升压，达到设计压力及结束标准时，闭浆封孔。

（2）下平洞。采用环内分序加密分段灌注，施工方式采用自下而上，一次造孔分两段灌注，第一段先将机械塞塞入孔口内 $1.5\mathrm{m}$ 处，压力从 $4.5\mathrm{MPa}$ 逐级升压至 $7.5\mathrm{MPa}$，待凝后，再将机械塞拔出塞入混凝土，压力控制在 $2.5\mathrm{MPa}$，达到结束标准时，闭浆封孔。

（3）引水支管。钢管段先灌注下游两排，再灌注上游两排，最后灌注中间两排，环内从底孔至顶孔灌注。

（4）高压岔管。按环内分序加密、孔内分段灌注，由低处往高处灌注。施工方式采用自上而下，两次造孔分段灌注，第一段先钻孔至 $1.5\mathrm{m}$ 处，将机械塞塞入混凝土面，压力控制在 $2.5\mathrm{MPa}$，进行灌注，待凝后，再原孔扫孔钻至设计孔深，将机械塞塞入岩体内，压力从 $4.5\mathrm{MPa}$ 逐级升压至 $7.5\mathrm{MPa}$，达到结束标准时，闭浆封孔。

（5）斜井。因施工的特殊性，灌浆采用爬升器牵引灌浆作业平台（只能上，不能下），灌浆顺序由低至高逐排灌注，环内由底孔至顶孔逐孔灌注，灌注方式与下平洞相同。

2.3 灌浆施工

2.3.1 制浆系统布置

在灌浆施工前，需对制浆系统进行系统设计及布置，主要以不影响交通为原则，确保人员进出、材料、设备等搬运及倒运留有足够的空间，灌浆系统平台具体布置方式见图1。

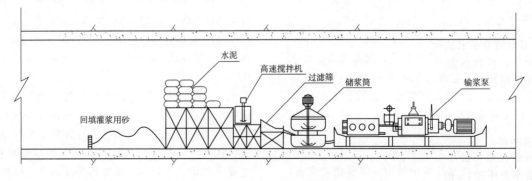

图1 洞内灌浆制浆系统布置示意图

2.3.2 钻孔灌浆作业平台搭设

为便于灌浆作业顺利进行，采用 $\phi1.5''$ 钢管搭成可移动式平台，铺设 5cm 木板形成钻孔灌浆平台，其结构形式见图 2。

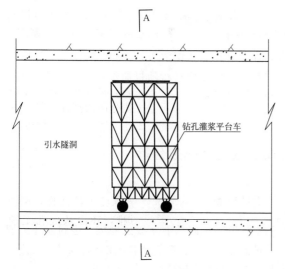

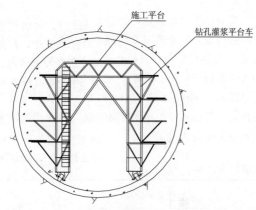

图 2　钻孔灌浆作业平台

2.3.3 钻孔

钻孔采取潜孔钻机、圆盘钻或手风钻钻孔，开孔孔径采用 75～42mm，孔径及孔向偏差采用定位或辅助测量纠偏控制。

2.3.4 钻孔冲洗和裂隙冲洗

钻孔结束之后，用压力水把孔内杂质冲洗干净，冲洗水压力为 1MPa，直至回水清净为止。

2.3.5 灌前简易压水试验

为便于分析判断灌浆效果，灌前进行简易压水试验，压水试验孔不少于总孔数的 5%。压水试验采用单点法压水试验，压力为 1MPa[3]。单点法压水试验方法为：在稳定的压力下，每 3～5min 测一次压入流量，连续四次读数中，最大值与最小值之差小于最终值的 10%，或最大值与最小值之差小于 1L/min 即可结束，取最终值作为计算 Lu 值。

2.3.6 灌浆方法

采用环内分序逐排灌注方法进行施工，环内单号孔为Ⅰ次序，双号孔为Ⅱ次序。加密孔为Ⅲ序孔，通过灌前压水试验资料分析，对于（透水率小于 1Lu）的孔段，可采用并联灌注方式，并联灌注尽量保持两个孔对称，严禁两个相邻灌浆孔进行并联灌浆，防止小范围内的混凝土受压过大，导致混凝土衬砌的破坏。

2.3.7 开灌水灰比及变浆原则

（1）开灌水灰比。灌浆水灰比选用 3:1、2:1、1:1、0.8:1、0.6:1 五个比级水灰比灌注，开灌水灰比原则为 3:1，但针对灌前压水试验透水率 $q>10Lu$ 时（或则钻孔冲洗不返水的孔），直接用 1:1 的浆液开灌。

（2）浆液变换原则。浆液比级应由稀至浓，逐级变换。在灌浆过程中当灌浆压力保持不变，吸浆量均匀减少时，或当吸浆量不变，压力均匀升高时，灌浆工作持续下去，不得改变水灰比。当某一级水灰比浆液的灌入量已达到 300L 以上，或灌注时间已达 1h，而灌浆压力和注入率均无显著改变时，改浓一级灌注。当注入率大于 30L/min 时，可根据具体情况适当越级变浓。

2.3.8 灌浆压力的控制

灌浆应采用分级升压法灌注，严格控制升压速度，灌浆压力的控制与该灌浆段的注入率关系按下表进行控制。首先把压力控制在 4.5MPa 以内进行灌注，当注入率小于 10L/min 后，开始逐级升压，每级压力控制在 1MPa 左右，升压速率控制在 0.5MPa/min 左右，最终达到目标压力，在注入率小于 2.5L/min 后稳压 30min，则可结束灌浆。灌浆压力与注入率的关系见表 2。

表 2　　　　灌浆压力与注入率的关系

灌段注入率 /(L/min)	≥20	10～20	10～5	<5
灌浆压力/MPa	0～1.0	1.0～2.0	4.5～5.0	6.0～7.5

在升压的同时应加强抬动变形观测，当抬动变形观测值接近或超过 0.2mm 时（抬动变形自动报警装置值上限设为 0.2mm），必须立即降压施灌。

2.3.9 结束标准及封孔

（1）灌浆结束标准。

1）达到设计压力后，注入率不大于 2.5L/min，稳压 20min 后即可结束灌浆。

2）达到灌浆结束标准后，为减少初期回弹，阻止已灌入岩石裂隙中的浆液回流，应先把孔口的高压灌浆阀关住，后停灌浆泵，防止灌入浆在卸压的瞬间流失。待孔口压力降至零，或压力虽未降至零，即可拆除环管及孔口器。

（2）灌浆孔封孔。在灌浆孔灌浆结束后，用 0.6∶1 的浓浆，采用目标压力继续灌注 5～10min 进行压力灌浆封孔。从施工情况看，通过浓浆灌注后，所有灌浆孔均能封堵饱满、密实，只留下孔口栓塞段空余。灌浆结束后，采用干硬性水泥砂浆对孔口空余段进行人工封孔，并将孔口与混凝土表面压抹平齐。

3　特殊情况处理

通过高压隧洞固结灌浆施工经验总结及归纳，灌浆施工中特殊情况分为以下几种：

（1）事故孔的处理[4]：对孔内断钻杆、掉钻头以及钻孔中碰到钢筋无法再进行钻进的灌浆孔，采取在设计孔位附近 20cm 范围内重新开孔。将废孔，冲洗干净后，用水泥砂浆进行及时的封孔，防止灌浆过程中串浆和漏浆。由于须进行高压灌浆部位，水头相对比较高，所浇筑的钢筋混凝土中的钢筋比较密，可能废孔会相对比较多，若废孔超过 3 个，则应把废孔部位凿成燕尾槽，用环氧砂浆进行修补，并做好相关废孔封堵处理验收签证记录。

（2）施工缝渗漏处理：在灌前压水过程中，部分混凝土施工缝在灌前压水时会有漏水现象，把漏水部位凿从小槽，再用快干水泥外掺环氧砂浆进行封堵。另外，在灌浆过程中，发生混凝土施工缝漏浆现象，采用凿槽用快干水泥封堵、低压、浓浆、间歇灌浆等灌浆方法把漏浆的施工缝堵住。

（3）在灌浆过程中，发生了部分串浆现象，用灌浆塞把串浆孔堵住，待灌浆孔灌浆结束后，采用 6 分钢管用高压水进行冲洗干净后再进行灌浆，若已堵孔则进行扫孔。

（4）不良地质洞段及遇地下透水构造断层带，当 Ⅰ 序单耗大于 50kg/m；Ⅱ 序单耗大于 20kg/m 的灌浆孔，在附近钻孔孔深为原设计孔深的 1.5 倍，采用环内"1+4"的原则进行随机加密处理，适当进行补强，按照"低压慢灌，稳压待凝，逐级升压"的方法进行控制。

4　质量检查及成效分析

4.1　质量检查

输水隧道高压固结灌浆施工完成，达到设计龄期后，质量抽检工作结合规范要求，实行自检及外委第三方质量检查的双重质量检查，判定高压固结灌浆施工质量。其中，压水孔自检：按钻孔总数 5％ 布置检查孔进行压水检查，外委第三方检测单位抽查：按照自检总孔数的 20％ 进行复查，自检和第三方检查的压水检查压力均为灌浆设计压力的 80％（引水支管设计压水压力按照 2.5MPa，其余段按照 6MPa 控制，透水率有自动记录仪读取实际透水率）。水泥固结灌浆钻孔施工质量压水检查情况统计表见表 3。

表 3　　　　　　　　　　　　　　　　主要部位质量压水检查情况统计表

工程部位	检查段数/个	灌前透水率检查/Lu			灌后透水率检查/Lu			备注
		最大值	最小值	平均值	最大值	最小值	平均值	
中平洞	72	1.52	1.34	1.36	0.52	0	0.07	
斜井	628	3.14	1.15	1.21	0.91	0	0.31	
下平洞	147	1.79	1.27	1.40	0.86	0	0.11	
高压岔管	168	1.00	0.51	0.75	0.30	0.04	0.12	
引水支管	24	1.60	0.67	0.73	0.22	0.04	0.13	

注　表中压水检查段数为自检及第三方质检检测成果。

通过高压隧道固结灌浆施工处理，高压输水隧洞围岩固结圈得到了有效固结，提高了抗渗圈的范围，质量检查灌前压水透水率与灌后压水透水率有明显下降趋势，灌后固结灌浆施工压水检查段数占总孔数 5.69％，满足现行规范规定要求，其透水率均达到了设计水泥灌浆防渗标准。

4.2　灌注成效分析

高压隧道输水系统灌浆自 2014 年 3 月 16 日开始施工，于 2015 年 6 月 25 日完成，共灌注 56802.8m，灌注总耗浆量为 835227.32kg，注浆孔数为 7966 个孔，平均耗量为 19.83kg/m；各部位灌浆材料耗用情况见表 4，各分序灌注耗用材料见表 5。

表4　　　　　　　　　　　主要部位水泥固结灌浆钻孔施工及材料耗用情况统计表

工程部位	灌浆类型	孔数/个	钻孔总长/m	灌浆总长/m	耗灰量或耗浆量/kg	平均单耗/(kg/m)
中平洞	水泥固结灌浆	1146	7157.57	6468.00	115845.50	17.91
斜井	水泥固结灌浆	3566	30857.27	28026.30	390289.22	13.93
下平洞	水泥固结灌浆	2244	17612.60	16020.00	241697.10	15.09
高压岔管	水泥固结灌浆	722	6590.32	5424.50	50290.70	9.27
引水支管	水泥固结灌浆	288	1139.88	864.00	37104.80	42.95

表5　　主要部位水泥固结灌浆分序耗用
情况统计表　　　　单位：kg/m

工程部位	Ⅰ序孔	Ⅱ序孔	Ⅲ序孔	备注
	平均单耗	平均单耗	平均单耗	
中平洞	30.14	17.14	8.79	
斜井	24.56	15.09	3.65	
下平洞	21.96	13.14	9.19	
高压岔管	11.77	8.85	1.55	
引水支管	70.51	54.69	3.64	

　　结合表5分序灌注成果可以看出，各工程部位高压固结灌注施工，单位耗灰量随着灌注次序的增加而成逐次减少的现象，说明岩体整体的可灌性逐步减弱[5]，固结圈得到有效显著的补强，符合灌浆规律。

5　结论

　　清蓄电站整条高压输水隧道多处地质破碎带穿过，经有效的高压固结灌浆施工处理，特别是遇f26、f27、f415、f416、f71等高压水道薄弱地层处理方式是得当的；高压引水隧道于2015年8月9日取得了充水一次成功的考验。事后进行总结，得出以下几点施工管控经验[6]：

　　（1）采用环内分序、加密的原则指导施工，孔深小于6m的孔段为一次灌注，孔深大于6m的孔段为分段灌注，在原设计的系统灌浆固结圈的基础上，随机孔段进行"1+4"补强水泥固结灌浆，有效提高地质断层薄弱地段围岩固结抗渗圈的方法是合理的。

　　（2）环间分序施工按照：先Ⅰ序，次Ⅱ序，再Ⅲ序，逐序灌注耗浆量随灌注次序的递增，耗浆量成递减的趋势，符合灌浆规律。

　　（3）灌浆压水与灌后压水的自检及第三方检查，透水率明显下降，证明固结圈显著提高，检测均满足设计防渗要求。

　　（4）充水后运行至今，未发现地下渗漏量有异常变化，不同时期渗压计读取记录显示渗流量随季节变化成增减趋势，说明清远抽水蓄能电站高压输水隧洞固结灌浆施工处理是成功的。

参 考 文 献

[1] 中国电力企业联合会．DL/T 5148—2012水工建筑物水泥灌浆施工技术规范［S］. 北京：中国电力出版社，2012.

[2] 黄立财，彭影．广东清远抽水蓄能电站工程输水隧洞灌浆施工技术要求［R］. 广州：广东水利水电勘察设计研究院，2012.

[3] 黄立财，彭影，宋春华．广东清远抽水蓄能电站工程施工支洞堵头混凝土、灌浆施工技术要求［R］. 广州：广东水利水电勘察设计研究院，2014.

[4] 张俊龙．惠蓄电站高压灌浆施工技术［J］. 云南水电，2012（1）：92-95.

[5] 张维国．仙游抽水蓄能电站1#下斜井高压固结灌浆施工技术［J］. 水利科技，2013（4）：49-50.

[6] 罗海．高压下防渗固结灌浆施工技术浅析［J］. 工业B，2015，05，54：00327-00328.

浅谈阳江风电场风机选型和设备吊装技术

杨长福　李　亮　李正雄/中国水利水电第十四工程局有限公司

【摘　要】　本文针对阳江岭南、宝山风电场地处沿海地形起伏较大山区，受季风影响明显，雨季长，雨量大，风机抗台风影响要求高的特点，介绍了风机选型和设备吊装过程，可为类似工程提供借鉴。

【关键词】　沿海山地　风电场　风机选型　吊装

1　概述

中国电建阳江风电场（一期为岭南风电场、二期为宝山风电场）位于广东省阳江市阳东区新洲镇，距离阳江市约 35km，占地约 100km²。工程规模为 100MW，安装 50 台单机容量为 2000kW 的风力发电机组。工程区为低山丘陵地区，地表高程 67.40～354.30m，场区内最高山为鹤山岭（354.3m）。风机布置于山脊或山坡上，山坡坡角一般在 15°～30°，场址区范围内多为第四系残坡积土覆盖层，山坡普遍植被繁茂。

风机选型一是要充分考虑风场所处地形及特性，二是风机设备厂家筛选[1]。岭南、宝山风电场地处阳东沿海地形起伏较大山区，与开阔平原、戈壁滩或滩涂区域风电场相比，其场内的风能分布除受粗糙度、风机尾流、障碍物的影响外，还受到地形变化的影响，风电场选址除了要考虑风机抗台风影响因素外，还应考虑地形对风的影响以及对吊装施工工法的选择。

2　沿海山地地形参数影响

风切变指数是风机设计和选型应考虑的一个重要参数，大的或极端风切变会对风机造成极大的风负载和疲劳损伤，影响风机使用寿命和运行安全。在沿海山地中，风速随高度上升而呈幂函数变化。在宝山风电场，针对不同高程，选择安装 80～100m 不等高度塔筒的方案，以获取最优风资源。

当气流经过孤峰时，受到山峰阻挡，气流向孤峰两侧绕流，形成气流加速的绕流效应。据有关观测资料表明，在孤峰与主风向相切的两侧的上半部是安装风机的最佳位置，其次是孤峰的顶部。如岭南风电场 7 号风机所在的山头，就存在绕流效应。

当气流经过地面，与地面发生摩擦，消耗能量，风速的高程廓线发生变化，使近地层风速降低，产生减速效应。粗糙的地面比光滑的地面多消耗能量。如岭南风电场 16～22 号风机，主导来风方向地面整体起伏较大、地面粗糙，这样造成风速运动时会多损耗能量。

背风坡减速效应：当气流越过迎风坡进入背风坡时，由于山顶地形的阻挡，使气流产生湍流，在背风坡形成扰动区。在扰动区风速不但会降低而且还有较强的湍流，可能造成风机的振动，对风力发电机组运行十分不利，在风机选址时应避开障碍物下流的扰动区[2]。

阳东区新洲镇地处热带北缘，属南亚热带海洋季风气候，常年主导风向为 ESE－NE。岭南、宝山风电场属丘陵、山地地形、高程在 130.00～370.00m 之间。区域周边存在高山障碍，形成包围圈，海拔相对较低，形成了局域性的小盆地，且场区又属分散性的山地、丘陵地貌，风资源局部的差异性较大，风机选型难度增加。

3 沿海山地风机设备选型

3.1 机型设计比较

根据测风数据的合理性、完整性及变化趋势以及地方区域差异等方面分析验证后，结合广东沿海山地抗台风要求，优选两种机型对比如下。

3.1.1 广东明阳风机机型

采用各种空气密度下的风机功率曲线和推力系数曲线，经 Windsim 软件优化风机布置并进行发电量计算，得到风机理论年发电量和风机尾流干扰损失后的年发电量。设计采用风机的可利用率取 95%，发电量计算功率曲线保证率取 95%。由于本风电场的湍流强度较小，计算这两项折减系数取 4%，叶片表层污染使叶片表面粗糙度提高，翼型的气动特性下降，叶片污染折减系数取 3%，考虑到低温、冰雪等天气，气候影响停机折减系数取 3%，初步估算厂用电和输电线路、箱式变电站损耗占总发电量的 3%。其他因素折减系数暂按 5% 考虑。经过以上综合折减，计算得出约为 0.75，应用 MY2.0 - 104/85 机组发电量计算，年发电量为 1.08429 亿 kW·h，等效利用小时数 2085h。

3.1.2 湖南湘电风机机型

湘电风能 XE 系列机组在满足正常发电参数外，还针对沿海山地特性具有如下优势：

（1）满足台风区域运行要求，按台风区域工况设计，以东南沿海台风频发区域为着眼点进行研发，考虑了抗台风要求，并对下风向暴风停机制定了应对策略，其可随台风风向变化而偏航的设计可使机组一直受到最小的载荷冲击，降低台风工况下的载荷，确保机组安全。

（2）湘电风能积累了台风区域风机运行数据和运行经验，熟悉台风区域的风电场要求，风电机组设计更适应于台风区域，并对利用台风来临前的良好风况增加发电量有成熟设计。

3.2 两种机型实地考察

3.2.1 湛江徐闻前山盐井风电场湘电风机

该风电场位于雷州半岛东南徐闻县前山镇，属台风频发区域，25 台湘电 XE - 2MW 系列机型台风机沿海岸线布置，装机容量 50MW，风电机组设计 3s，极限风速 70m/s，采用"下风向暴风停机、自由偏航"的控制策略。2014 年 9 号台风"威马逊"登陆徐闻，登陆点距离前山盐井场 15km 左右，风机风速仪测出最大风速达到 83m，SCADA 里存储数据为 70m/s，风速已经超过风机的设计极限，该台风造成升压站主变、集电线路等破坏，风电场停机 2 个月，除风速仪等小部件外，台风未对该型主机造成破坏，叶片未发现开裂。

3.2.2 粤电徐闻洋前风电场明阳风电风机

该风电场位于雷州半岛东面徐闻县新寮镇（新寮岛），距徐闻县城约 50km，33 台广东明阳风电 MY1.5MW - 77 型风电机组沿海岸线布置，2009 年投产发电。"威马逊"台风中心途径位置直线距离洋前风场 40km 左右，平均风速达到 26m/s 时，33 台风机全部进入待机模式，每台机组的桨叶都顺桨到 91°位置，全场平均风速达到 37.57m/s，并出现通信中断，系统记录到的最大风速 50m/s（超出设计记录范围）。超强台风过后，经检查未发现机组倒塌、塔筒断裂、叶片掉落。

"威马逊"台风在徐闻县登陆时，台风网预测中心风力已达到了 17 级，实测平均风速达到 70m/s 以上，两种机型除风速仪等小部件外均无明显损坏。

3.3 两种机型参数对比

具体参数对比见表 1。

表 1　　　　　湘电 XE105 Ⅰ - 2000 与明阳 MY2.0 - 104/85 机型参数对比表

序号	厂家	湘电风能	明阳风能
	机型	XE105 Ⅰ - 2000	MY2.0 - 104/85
技术参数比较			
1	发电机型式	直驱永磁	双馈异步
2	轮毂高/m	80	85
3	切入风速/(m/s)	3	3
4	切出风速/(m/s)	22	20
5	设备利用率/%	97（全场）	98（全场）
型式认证情况			
6		XE105 - 2000 低电压穿越能力评估报告（中国电力科学研究院）	MY2.0 型风电机组低电压穿越能力评估报告（中国电力科学研究院）
7		XE105 - 2000 鉴衡设计认证	MY2.0 - 104/85 鉴衡设计认证

序号	厂家	湘电风能	明阳风能
	机型	XE105 Ⅰ-2000	MY2.0-104/85
拟选机型业绩			
8		沿海安装 XE72、82、96-2000 共 410 台、XE105 Ⅰ-2000 首次投产	广东、福建 9 个风场安装 MY2.0-104/85，共 219 台
抗台风策略比较			
9		对抗台风风机工况设计，考虑的安全裕度更大，满足极限风速下的生存安全需要	对抗台风设计机型，定制化风电机组，有抗台风专利，轮毂外壳、叶片及塔架等部件按抗台风要求加强
10	控制策略	台风来临时，机组偏航系统设置适当的阻尼，以避免机组可能发生的快速偏航。即使在停电状态下，机头仍可进入自由偏航状态以达到载荷最小的目的	台风情况下，桨叶顺桨91°，停机，风机偏航到机舱与正北夹角180°，桨叶最小面受力，叶片处于空气制动状态，程序控制释放主轴刹车和系统压力，保持偏航刹车压力

4 设备吊装

风机设备安装应依据施工组织设计总体部署，按照施工方案和进度计划，科学合理安排风电机组安装施工，合理配置各种资源，对施工临设、道路交通、施工用电等进行阶段性调整，做到投入最低而收益最大[3]。

4.1 资源配置

4.1.1 主要机械设备

根据岭南、宝山风电场风机设备的特性，选用一台 500t 汽车起重机进行设备卸车和塔筒第一～第三节吊装，选用一台 800t 汽车起重机进行上段塔筒、机舱、发电机和风轮吊装，一台 70t 和一台 50t 汽车起重机作为辅吊和配合卸车。投入的主要施工机械设备见表 2。

表 2   施工机械设备表

序号	设备名称	型号	数量	产地	备 注
1	汽车吊	800t	1 台	徐工	发电机＋轮毂＋风叶、第四节塔筒
2	汽车吊	500t	1 台	徐工	设备卸货，吊第一～第三节塔筒
3	汽车吊	70t	1 台	中联	辅吊
4	汽车吊	50t	1 台	中联	辅吊
5	载重汽车		1 台	德国	主吊转场及设备运输
6	载重汽车		2 台	北方奔驰	主吊、辅吊转场及设备运输
7	柴油发电机	20kW	2 台	山东	现场施工

4.1.2 人力资源

专业化施工队：队长 1 名，技术负责人 1 名，配备相应的安全员、施工员、质量员、资料员及作业人员。

人员资质：特种作业人员如起重工、吊车操作工等必须持有效的特种作业人员操作证，所有参加施工的人员必须经工程师交底后才允许进行施工作业。

作业安排：根据设备到货情况，设备卸车可安排两组人员进行，设备安装分为两个小组：一组进行下段、中段塔筒吊装；一组进行上段塔筒、机舱、风轮组装及吊装。

4.2 设备吊装

4.2.1 施工准备

根据合同文件、厂家安装手册、规程规范的要求编制专项施工方案、专项安全方案，并经专家论证、上级单位及有关部门批准后方可实施。根据已批复的施工方案编制作业指导书，并逐级作好技术、质量、安全交底工作。

检查吊车、吊具、吊带等辅助设备的完好情况，清理吊装平台，保证基础周围的平整，便于吊车站位及风轮组装。

4.2.2 吊装作业

施工流程见图 1。

4.2.3 吊装作业

采用 500t 汽车起重机进行大部件的卸车，以及塔筒第一～第三节吊装；待机舱、发电机、叶轮和第四节塔筒进场且第一～第三节塔筒吊装完成 6 个机位后，800t 主吊开始进场安装风机；一台 70t 汽车起重机配合与 800t 汽车起重机进行塔筒上段、机舱、发电机、风轮的吊装；一台 50t 汽车起重机进行组装风轮、配合组装机舱和装卸小的部件等。

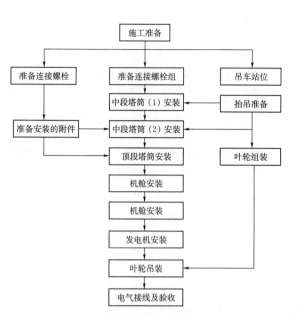

图1 风机设备吊装施工流程图

4.3 过程控制

4.3.1 进度控制

根据合同工期，对整个工程进行项目分解，细化各阶段进度计划控制目标，编制项目进度计划；将施工区、段进一步分解、细化至分部、分项施工工序，编制节点施工进度计划[4]。

4.3.2 质量过程控制

建立包括项目经理、总工程师、质量部及项目部各职能部门、各作业队，涵盖所有质量管理活动、施工作业面的质量管理体系，按图2所示流程进行质量管控。

4.3.3 安全注意事项

工程使用起重机进行吊装，起重机的组装、移位及设备的运输对施工场地要求高，吊装难度较大。另外，吊装过程中各专业间存在交叉作业，安全管理和安全控制难度大。因此，在方案的编制、作业人员的交底、起重机及索具的检验、警界区的确定、吊装指挥及起重机操作员的协调、吊装前的联合检查确认、吊装过程中作业人员任务的指派等诸多环节上需严格控制[6]。

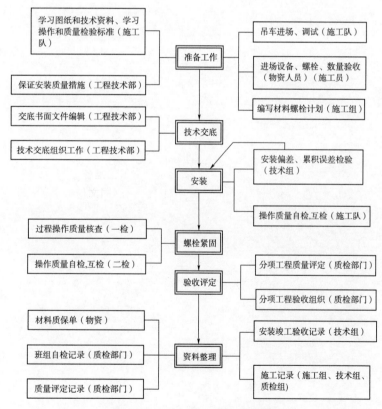

图2 风机设备安装质量控制流程图

5 结语

沿海山地风场在进行风机选型时，其一应结合地区风资源分布、风机运行环境、成本控制和经济效益等方面综合考虑选择最优风机位置和最优风机机型。沿海山地中，风速随高度上升而呈幂函数变化，孤峰与主风向相切的两侧的上半部和孤峰峰顶风资源最为丰富，并针对风资源的分布情况，合理调整风机塔筒高度，达到综合效益的最优；其二应针对沿海山地风场地处台风频发区域，风机运行环境恶劣，优选抗台风较强的风机机型，达到满足安全运行工况条件下，设备成本最低；其三是在进行风机设备吊装时，应结合所选风机机型、地形条件、现场施工条件，从节约成本、提高效率、保证施工质量和施工安全方面选择最优吊装设备及最优吊装施工工艺。

参 考 文 献

［1］ 林艺，康海贵．大连近海风电场风机机组的选型与布置初探［J］．可再生能源，2011（4）：4-8.

［2］ 杨勇，周钦宾，李颖瑾．风电场设计中机组选型与布置分析［J］．山东建筑大学学报，2012（02）：246-249.

［3］ 王晖．浅谈风电场建设工程施工总承包项目的管理［J］．中国建材科技，2015（02）：223，228.

［4］ 杨大利．风电机组吊装质量与进度控制初探［A］//中国风电生产运营管理（2013）［C］．2013：7.

［5］ 刘大忠．风机安装工艺及质量控制方法［J］．山西建筑．2012（36）：106-108.

［6］ 黄文海．风电设备吊装工程重大危险源分析及安全管理建议［J］．神华科技，2012（04）：7.

公路多心圆隧道削竹式洞门端头模板制作

李　顺　卢向林　邹　权/中国水利水电第十四工程局有限公司

【摘　要】 本文结合江门市南山公路工程实践，介绍了采用CAD解剖分解法建立三维模型、确定参数，并对参数进行数学理论验证，利用全站仪现场放样制作端头模板，方便、快捷、有效地解决了复合式双连拱多心圆隧道削竹式洞门端头模板制作精度和外观成型要求高的问题。

【关键词】 多心圆隧道　削竹式洞门　端头模板　制作

1　引言

削竹式洞门是众多隧道洞门结构中的一种，因形状似削竹状而得其名。削竹式洞门是联系洞内衬砌与洞口外路堑的支护结构，保证了洞门附近的边坡和仰坡的稳定。洞门美观合理与否直接影响对隧道工程的评价，好的洞门将给人留下美的感受。削竹式洞门在景观上能起到修饰周围的景观的作用，真正做到洞门与周围生态环境有机结合。因其具有稳定性好、基础承载力要求不高、自然和谐、轻型等特点，一般应用于洞口埋深较浅，且有条件进行刷坡，周边地势比较开阔的洞口。

2　工程简介

南山路隧道为江门市南山路主线下穿江门市白水带风景区的暗挖式双连拱多心圆隧道，隧道呈南北走向，为双向六车道双连拱隧道，设计时速80km/h，单洞横断面跨度14m，双连拱隧道（含复合式中墙）总跨度35.67m，全长449m（包含北端明洞19m，明暗分界里程为K1+540，暗挖段410m，南端明洞20m，明暗分界里程为K1+950），隧道纵坡为0.3%，南高北低，隧道进出口两端形式均为削竹式洞门，洞门设计削竹坡比为1:1，其衬砌按新奥法原理采用复合式衬砌，衬砌采用强度等级C35、抗渗等级P8的钢筋混凝土结构进行曲墙式衬砌，以确保衬砌结构具有足够

的强度和保持工程所需要的稳定性和耐久性。结构尺寸见图1、图2。

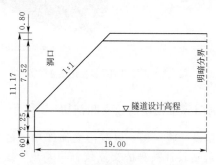

图1　连拱隧道洞门纵断面图

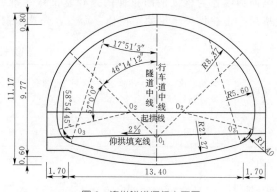

图2　连拱隧道洞门立面图

3　建立三维模型

该隧道洞门端头面设计为1:1斜面，其斜面三维模型可以想象为二次衬砌混凝土立体经1:1斜向剖切

后的剖切截面，其剖切面拱顶斜切面宽度由立面设计厚度增加到其$\sqrt{2}$倍的厚度，边墙斜切面宽度与原设计宽度较接近，因此该剖切面是由边墙到拱顶，设计斜面宽度由立面设计厚度逐渐加宽至$\sqrt{2}$倍设计厚度[4]，洞身立面设计圆心多且不重叠，设计半径较多，变化过程较为复杂，下面采用 AutoCAD 制图软件对该洞门进行三维建模[1]。

3.1 洞门立面图的建立

以设计施工图为准，AutoCAD 制图软件为工具，按图中结构及尺寸，以"m"为单位，采用1：1比例进行洞门立面图的绘制，绘制完成后，单击修改菜单内的"合并"命令，将洞门衬砌内轮廓线各条组成线段和外轮廓线各条组成线段分别连接闭合为同一条闭合多段线。其连接效果见图3。

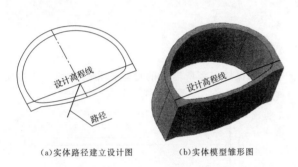

(a)实体路径建立设计图　　(b)实体模型雏形图

图3　连拱隧道洞门模型建立雏形图

3.2 洞门三维模型的建立和剖切

根据设计施工图，以洞门立面图中的隧道设计中线和隧道设计高程的交点位置为基点，绘制一段隧洞纵断面线（断面线长度等于明洞长度），以该条纵断面线作为该立面图拉伸的路径基准线；准备完毕后点击建模菜单里的"拉伸"命令，先选取洞

门立面图中的两个轮廓线对象，确定后再选择建立的纵断面路径基准线，确认后便得到两个三维模型；单击编辑菜单中的"差积"命令，得到两个模型外轮廓线所构成的部分，确认后便得到洞门三维模型的雏形，见图4。

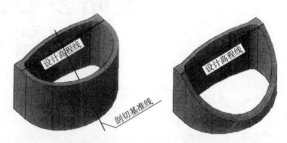

(a)削竹面剖切基准线建立图　　(b)剖切后洞门模型三维图

图4　连拱隧道洞门三维模型图

依图1立面图中隧道设计中线与隧道设计高程线交点为基准点，绘制一条1：1坡面线作为三维模型剖切基准线，输入"slice"剖切命令以隧道设计高程线与1：1坡面斜线所在的面为基面，对洞门三维模型雏形进行剖切，最后点击去除实体侧，得到该洞门的三维模型，见图4。

4　三维模型端头面曲线参数的提取与验证

利用图4中得到的三维模型，点击修改菜单中"分解"命令，将该模型图分解为各个组成面，在各组成面中选择并复制出所需的端头面，将复制出的端头面重复上步步骤，将该面分解为各条组成线，依次选取各条组成线，点击右键菜单内"特性"命令，提取各条组成曲线的参数（长轴半径a、短轴半径b，弧长对应圆心角，圆心坐标等）并计算各椭圆弧长段对应椭圆焦点坐标，见表1，及绘制简图，以方便现场模板的制作，见图5。

表1　　　　　　　　　　　　　　　　　弧长参数对应表

弧段	长轴半径 a /m	短轴半径 b /m	圆心坐标 X/m，Y/m	圆心角	焦点坐标 X/m，Y/m	备注
左外弧	9.051	6.400	2.71，−2	53°33′40″	9.11，−2；−3.69，−2	接直墙
左内弧	7.920	5.600	2.71，−2	68°48′38″	8.31，−2；−2.89，−2	
顶外弧	12.968	9.170	0，0	72°52′40″	9.17，0；9.17，0	
顶内弧	11.837	8.370	0，0	72°52′40″	8.37，0；8.37，0	
右外弧	9.051	6.400	2.71，2	53°33′40″	9.11，2；−3.69，2	接直墙
右内弧	7.920	5.600	2.71，2	68°48′38″	8.31，2；−2.89，2	

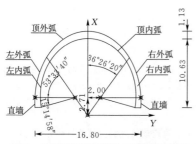

图 5　连拱隧道洞门端头面平面展开图

下面我们采用数学理论对上述所提取的线元参数进行验证，由数学知识可知，一个平面斜向剖切圆柱体所得的截面形状为椭圆[6]，该截面椭圆的短轴半径与该圆柱体的底面圆半径相等，长轴半径的长短与斜切面和圆柱体轴线间夹角有关。该明洞模型中削竹式坡比为 1∶1，削竹面与隧洞轴线间夹角为 45°，由此计算各椭圆弧段的参数，其计算方法及计算参数见表 2。

表 2		弧长参数数学方式计算方法对应表		单位：m
弧段	短轴半径 b	长轴半径 a	焦距	
左外弧	6.400	$6.400 \times \sqrt{2} = 9.051$	$(9.051^2 - 6.400^2) = 9.110 + 3.690$	
左内弧	5.600	$5.600 \times \sqrt{2} = 7.920$	$(7.920^2 - 5.600^2) = 8.310 + 2.890$	
顶外弧	9.170	$9.170 \times \sqrt{2} = 12.968$	$(12.968^2 - 9.170^2) = 9.170 + 9.170$	
顶内弧	8.370	$8.370 \times \sqrt{2} = 11.837$	$(11.837^2 - 8.370^2) = 8.370 + 8.370$	
右外弧	6.400	$6.400 \times \sqrt{2} = 9.051$	$(9.051^2 - 6.400^2) = 9.110 + 3.690$	
右内弧	5.600	$5.600 \times \sqrt{2} = 7.920$	$(7.920^2 - 5.600^2) = 8.310 + 2.890$	

由表 1 和表 2 数据对比可知，两种方法计算所得长轴半径、短轴半径、焦点距离的结果一致。由此得知利用 AutoCAD 制图软件对洞门三维建模剖切提取的椭圆弧段数据可靠，且由此种方法能直接提取椭圆弧的圆心坐标和焦点坐标，并能直接提取该弧段所对应的圆心角等参数，方便快捷，在一定程度上减少了出现人工计算错误的概率。

5　端头模板制作

由图 5 可以看出，我们要制作的端头模板就是内轮廓弧和外轮廓弧之间的椭圆环，首先需要一块面积约 18m×20m 且较平的混凝土场地，准备钢钉若干，粉笔若干，油性记号笔若干，手锤一把，自动喷漆一瓶，50m 防水钢尺一把，胶合模板 15 块（1.22m×2.44m），全站仪一套，其制作步骤如下：

（1）参照点放样。将全站仪架设于该场地一边边线的正中间，设置测站坐标为（X＝0，Y＝0，H＝0），然后将仪器望远镜照准该场地仪器架设对边边线中点方向，设置定向边方位角为 0°0′0″，设置完毕后按表 1 中各个椭圆弧段的焦点坐标、圆心坐标、弧段对应圆心角一一放样，并在过程中将各个参数点标记清楚，各个焦点均用钢钉做地标或冲击钻打孔，孔中插入细钢筋，钢钉需漏出地面少许，以便缠绕钢尺。

（2）场地轮廓线放样。对应相应弧段长轴半径 a，将尺子一头缠绕于该椭圆弧段对应的两焦点钢钉地标中

的一个上，读取尺头读数 A，再将尺子拉开至 B 读数处（B＝A＋2a），将尺子 B 读数处缠绕于该椭圆弧段对应的两焦点钢钉地标中的另一个上，用粉笔标记，按图 5 中该椭圆弧段画于地面上对应圆心角内，依次变换焦点，将全部椭圆弧段画完[3]。

（3）模板铺设与切割线放样。根据步骤（2）中地面上画出的大概轮廓线，将胶合模板对应地上所标记的轮廓线铺设，铺设过程中两块模板要进行上下接头搭接，并完全覆盖轮廓线，这样才能保证端头模板的整体完整和模板搭接紧密，两轮廓线宽度若大于模板宽度时，只需将模板旋转 90°即可，利用模板长边搭接。模板铺设完成后，重复步骤（2），采用油性记号笔将轮廓线细致地画于胶合模板上，然后利用两块模板搭接处位于上方的模板边缘为辅助，在下方模板上画出两模板接头线。画线结束后，用喷漆按模板排列顺序在模板上分别标注"1""2""3"[2]等编号，以保证拼装时模板位置正确，见图 6。

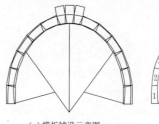
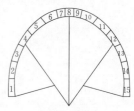

（a）模板铺设示意图　　（b）模板定位及编号图

图 6　模板铺设画线及加工编号示意图

（4）模板的切割加工。根据以上步骤所画的轮廓线切割加工端头模板，并妥善保管好加工后的模板。

6 结语

南山路隧道明洞衬砌内壁采用钢模板台车[5]，外壁采用木模拼接封堵，端头模板采用胶合模板按上述方法制作，该端头模板完全满足 JTG F6—2009《公路隧道施工技术规范》模板安装施工质量标准的要求：模板平整度偏差不大于 5mm，相邻浇筑段表面错台偏差不大于 ±10mm，且该拼装端头模板在与钢模板台车结合处曲线吻合效果较好，接缝密实，所成型的洞门既标准又美观，成型衬砌体表面光滑无气泡。该胶合模板可多次重复使用，具有方便、实用、快捷、经济的优点。

参 考 文 献

［1］ 边鹏飞．AutoCAD2000 在隧道洞门施工放样中的应用［J］．测绘通报，2002（05）：32 - 33.

［2］ 沙启非．削竹式洞门的放样与堵头模板的制作［J］．铁道建设，2009（02）：49 - 51.

［3］ 潘铮荣．隧道削竹式洞门精确放样方法［J］．矿业安全与环保，2012，39（S1）：107 - 109.

［4］ 马希平．三视图在削竹式洞门施工放样中的应用［J］．山西建筑，2012，38（26）：206 - 208.

［5］ 中交第一公路工程局有限公司．JTG F60—2009 公路隧道施工技术细则［S］．北京：人民交通出版社，2009.

［6］ 邹佳晨．椭圆的历史与教学［D］．上海：华东师范大学，2010.

针梁钢模台车在深蓄电站引水隧洞衬砌混凝土施工中的应用

刘亚军/中国水利水电第十四工程局有限公司

【摘　要】　本文结合深圳抽水蓄能电站引水隧洞混凝土浇筑，着重介绍了针梁钢模台车安装、调试、试运行以及在隧洞混凝土衬砌施工中的应用，提高了混凝土浇筑质量和施工效率，可供类似工程借鉴。

【关键词】　针梁钢模台车　安装运行　混凝土衬砌

1 工程概况

深圳抽水蓄能电站位于深圳市东北部，距深圳市中心约20km，装机容量1200MW。电站引水隧洞中平洞长954.381m，全段坡比均为3.036528%，设计开挖断面为圆形断面，开挖直径10.7m，衬砌厚60cm，衬砌后洞径9.5m，采用针梁钢模进行全圆断面混凝土浇筑。

2 针梁钢模台车安装调试

针梁钢模台车由针梁系统、模板系统、液压系统和电气系统等组成，主要包括模板组、端部挂架、针梁、螺旋撑杆、前后支腿、牵引装置、行走装置、中部挂架、阻断阀、斜撑、液压装置、爬梯等，针梁钢模台车直径9.5m，总重115.5t，其中模板组重74.2t，针梁架30.1t，挂架4.2t，支腿5.9t。

针梁钢模台车在中平洞下游桩号Y2+907附近进行组装，安装调试流程为：安装准备→下游支座、支腿安装→侧模运输就位→针梁架与顶模、牵引装置、挂架安装→上游支座、支腿安装→底模支架安装→液压缸、螺旋撑杆安装→爬梯、平台安装→液压油路、行走动力系统安装→调试、支座安装、试运行。

（1）下游支座、支腿安装。利用正顶拱电动葫芦将支腿摆放至滑模安装位置，将支座摆放在其下游，以免底模支架等构件就位后下游支座、支座运输到位困难。将针梁行走牵引卷扬机固定在支腿结构上，用两个电动葫芦将针梁架吊装至下游支腿上，利用手拉葫芦等工具与下游支腿组装，并紧固各连接螺栓。采用电动葫芦将针梁行走牵引卷扬机吊装并固定在针梁架上。

（2）侧模运输就位。侧模分端部左侧模、端部右侧模、中部左侧模、中部右侧模四种规格，应注意端部侧模不能互调。运输安装顺序如下：

左侧模运输安装顺序：下游端部左侧模→中间端部左侧模→上游端部左侧模。

右侧模运输安装顺序：下游端部右侧模→中间端部右侧模→上游端部右侧模。

侧模运输到位后利用电动葫芦及侧模安装调节吊环卸车，并按顺序摆放靠在左右洞壁上，左右侧模底部相抵摆放使摆放平稳。

（3）针梁架与顶模、行走装置、牵引装置、挂架安装。顶模分中部顶模和端部顶模两种规格，应注意端部顶模不能互调，组装时要按照顺序依次进行。针梁架有3榀，组装时同样要按照顺序依次进行。挂架分端部挂架和中部挂架两种规格。

在洞外利用25t汽车吊组装针梁、行走机构、挂架，紧固各连接螺栓。针梁架单节自重约为7.75t，为保障起吊安全，将单次调运重量控制在5.5t内，部分斜撑需在洞内安装。利用电动葫芦将构件下游端吊装与下游支腿相连的针梁架螺栓对接，上游端采用临时支腿进行支撑固定。组装构件安装完成后，利用电动葫芦将顶模吊装就位，用螺栓紧固连接。将顶模、针梁架、行走机构、挂架相对固定之后采用钢丝绳将固定完成的构件悬吊在电动葫芦梁上，确认悬吊稳定后拆除底部临时支腿。完成上述顶模、针梁架、行走装置、牵引装置、挂架安装后安装另外3架侧模，直至安装完成后支撑加固。最后将底模支架运输至安装位置，利用电动葫芦配合手拉葫芦将底模支架摆放至安装位置后平放至侧模上，见图1。

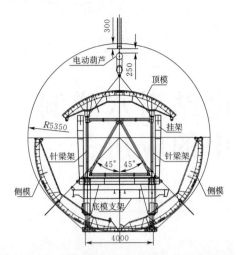

图1 针梁架、挂架、顶模安装，侧模、底模支架吊运图

（4）上游支座、支腿安装。将上游支座运输、吊运至安装部位，上游支腿运送至针梁端部下方。利用顶模与针梁架、行走装置、牵引装置、挂架组成构件自身高度，用电动葫芦及手拉葫芦配合将上游支腿吊装至与针梁架对接并紧固各连接螺栓，用电动葫芦将针梁行走牵引卷扬机吊装并固定在上游支腿处针梁架上。

（5）液压缸、液压油路及其电气部分安装。用电动葫芦或手拉葫芦将液压缸吊运安装，先行将支腿液压系统安装就位，接通电路调试，使支腿能够自行伸缩。其他部位液压缸及油路等部件待模板安装完成后再进行安装。

（6）支座安装及针梁钢模升高。上下游支腿由两组液压缸组成，单组液压缸可单独伸缩。支腿液压伸

缩系统调试完成后，上下游支腿分两次分别进行单组支腿液压缸伸展，另一组支腿液压缸收缩，收缩液压缸下方具备支腿安装空间后用手拉葫芦将支座移动至支腿下方，液压缸伸展与支座对接后紧固连接螺栓，依次完成剩余支座安装。支座安装完成后，将支腿调整平衡后同步伸展支腿液压缸，使针梁钢模高度升至设计高度。

（7）侧模、底模支架安装。将放置于侧模上的底模支架用手拉葫芦悬吊并固定，用电动葫芦及侧模安装调节吊环将侧模与顶模组装，检查各尺寸符合要求后紧固连接螺栓；用侧模安装调节吊环将侧模下端部张拉至底模支架宽度。

将悬吊的底模支架下放到底，底模支架侧沿与侧模下端部对接，一侧绞页插销孔对孔，检查各尺寸符合要求后穿上插销，确认稳定后解开起吊绳索。

（8）剩余液压缸、螺旋撑杆、爬梯、平台、液压油路、行走动力系统安装。用手拉葫芦或电动葫芦将剩余液压缸、螺旋撑杆安装就位；将爬梯焊于相应位置，针梁平台铺设模板用铁丝或条条固定。按照液压系统布置图安装各油路分配器、控制阀、连接各油路；安装控制电路；启动液压系统，依次调试各油缸。按照滑模行走系统布置图将2台3t卷扬机安装到位，安装各牵引钢丝绳、滑轮组等，完成后进行电路安装并调试。

（9）调试、试运行。卸下侧模螺旋撑杆，启动液压系统，调试、伸缩侧模液压缸使侧模各液压缸同步、伸缩自如；顶升、调试底模液压缸，其伸缩应自如；调整支腿液压缸，其伸缩行程应一致。启动行走卷扬机，使整套钢模在针梁上往返运行两个循环，图2。

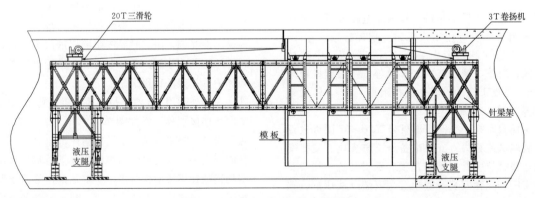

图2 针梁钢模台车安装完成示意图

3 中平洞混凝土衬砌施工

针梁钢模台车衬砌混凝土施工作业流程见图3。

（1）基岩清理。基础岩石面清理验收合格后进行混凝土仓位准备。

（2）钢筋绑扎及预埋件施工。在针梁钢模台车前面

布置自制的钢筋台车。按照混凝土浇筑方向，隧洞钢筋绑扎超前几仓进行。为方便针梁钢模台车行走，底拱针梁支腿位置钢筋在针梁就位后再绑扎（开始施工的前两块除外）。为保证钢筋安装准确，施工中设架立筋作为钢筋的支撑架，架立筋应牢靠，不得位移。预埋件按图纸设计要求预埋后固定并采取措施保护，防止浇筑过程被破坏。

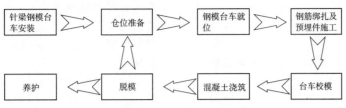

图3 针梁钢模台车衬砌混凝土施工流程图

（3）模板施工。模板运行到位后，用支腿横梁上部的千斤顶调整模板的水平横梁位置，使模板中心与轴线尽量处在同一垂直平面内。用针梁两端的卷扬机装置，使搭接环与已衬砌的前一块混凝土面有10cm的搭接（对第一块混凝土衬砌，无需此步骤），并使两端的卷扬装置都张紧受力。开启底部油路，伸出支腿油缸，使顶模升高至设计高度，紧锁支腿油缸上的调节螺母，支好针梁中间支撑。然后依次开启右侧油路、左侧油路和底部油路，伸出右侧油缸、左侧油缸和底模油缸，把右侧模板、左侧模板和底模顶到设计位置。使模板形成一个圆形筒体，支撑好底部丝杆与侧部丝杆。所有模板就位和安装好后应按规范要求精确校核其位置，根据针梁钢模面板分段情况，钢模台车校模5点，即顶拱、腰线及腰线以上45°各两点。堵头模板可根据分块端部的开挖断面用木板现场拼装，堵头模板一端固定在钢模上，另一端与开挖面紧密接触，采用锚杆或插筋焊接拉筋进行固定。

（4）混凝土浇筑。混凝土采用泵送入仓，入仓坍落度按14～16cm控制，收仓按上限16cm控制。入仓按由低向高，先底拱再腰线后顶拱的次序进行。应将混凝土导管铺设在针梁上进行腰线以下部位混凝土入仓，底拱90°范围接混凝土导管至底模预留的两个窗口入仓；底拱90°范围下料结束后把混凝土导管接至腰线下2个仓口入仓，最后把混凝土导管换接至顶拱入仓。顶拱混凝土入仓泵管从堵头预留的进人仓口接至顶拱；在钢模两侧搭设溜槽入仓，每侧溜槽分两个出料口，第一个出料口距堵头模4.5m，第二个出料口距堵头模8.5m；在每个出料口接溜筒，溜筒距混凝土面不大于2m；浇筑过程中保证钢模左右两侧对称下料，左右两侧混凝土面高差不大于50cm。当混凝土浇筑至顶拱时，改用冲天管（图4）入仓，使混凝土尽可能填满仓位。由于冲天管

上面结构钢筋的阻碍，易使骨料产生分离，因此在冲天管上面套上一段直径194mm、高20cm的钢管，紧贴钢模，利用衬砌结构钢筋焊接，固定并加固牢靠，防止在浇筑混凝土的时候钢管发生移位。

（5）脱模。待混凝土强度达到设计强度70%后拆模。拆除模板手动丝杆，松开模板、岩面支撑和底模螺旋撑杆。开启底部油路，收回底模油缸，脱开底模，并使之处于最高位置。启动左侧油路，收回左侧油缸，脱开左侧模板。然后，开启右侧油路，收回右侧油缸，脱开右侧模板。旋支腿，调节丝杆上的调节螺母至适当位置，启动垂直油路，同步收回四只支腿油缸，将顶模脱下。若支腿顶部位置不水平，应单独调整支腿油缸，使之保持水平。

4　混凝土施工质量与进度分析

4.1　质量情况

浇筑后的混凝土经取样强度合格，表面平整美观，结构尺寸符合设计要求。对比采用普通定型组合钢模进行混凝土施工表观质量有明显提高。

4.2　施工进度分析

深圳抽水蓄能电站引水隧洞中平洞采用针梁钢模台车进行衬砌混凝土施工每浇筑一仓混凝土循环时间见表1。

表1　　　单仓混凝土衬砌循环时间表

工序	所需时间/h
针梁钢模台车就位及清扫钢模	4
校模	2
立堵头、灌浆及止水安装	12
清仓验仓	2
混凝土浇筑	16
脱模	24
合计	60

如果采用普通定型组合钢模进行混凝土施工，浇筑一仓需7d，而采用针梁钢模台车浇筑一仓只需2.5d，一次衬砌长度为9m，即每月可以浇筑30÷2.5＝12（仓），12×9＝108（m），大大提高了混凝土浇筑速度。

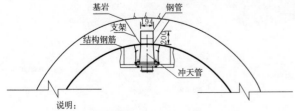

说明：
1. 本图尺寸单位以mm计。
2. 支架采用φ25钢筋，浇筑完成后随同钢管入混凝土中。

图4　冲天管浇筑顶拱布置图

5 结语

深圳抽水蓄能水电站引水隧洞采用针梁钢模台车进行衬砌混凝土施工，操作简单方便，对比采用普通定型组合钢模进行混凝土施工，混凝土表观质量好，提高了浇筑速度，可在其他类似工程推广应用。

黄落绥江大桥连续梁桥施工监控

吴仕林　谢冠文　邱仲诚/中国水利水电第十四工程局有限公司

【摘　要】根据《客运专线桥涵施工指南》的要求，梁端高程与设计高程之差应不超过±10mm。根据TB 203—2002《铁路桥涵施工规范》的要求，箱梁合拢时相对高度误差不得大于15mm，在连续梁桥梁的悬浇施工过程中，随着悬浇梁段的增加，结构体系不断变化。每一梁段的增加都对现有结构内力和线型产生一定的影响，并最终影响成桥后的结构内力和线型。因此，连续梁桥梁悬浇施工过程进行线性监控的目的是：通过对关键部位和重要工序的严格监控，为梁端立模标高调整、优化施工方案、工艺，确保合拢精度提供准确、及时的数据参考，使成桥后的结构线型和内力满足设计要求。

【关键词】连续梁桥　施工监控

1　工程概况

黄落绥江大桥位于广东省肇庆市怀集县坳仔镇境内，位于黄落村上游300m左右处跨越省道S263至黄落村的乡道，跨越绥江左汊、绥江中心小岛、绥江右汊，再跨越省道S263至高排山的乡道（混凝土），黄落绥江大桥为双线桥，位于缓和曲线及直线段上，线间距为4.8m，全桥长319.32m，中心里程为DK668＋656.030，起始里程为DK668＋496.690～DK668＋816.010，全桥跨孔布置为1－32＋1－(40＋3×64＋40)m连续梁，全桥共5墩2台，全桥所有基础均为钻孔灌注桩基础，按柱桩设计，其中贵阳台和广州台桩径1.0m，其余桩径均为2.0m。梁体为单箱单室、变高度、变截面结构，箱梁顶宽12.2m，箱梁底宽6.7m。顶板厚度除梁端附近外均为40cm，底板厚度40～80cm，按直线线形变化，腹板厚48～80cm，按折线变化。全联在端支点、中跨中及中支点处共设5个横隔板，横隔板设有孔洞，供检查人员通过。主梁全长272m，悬灌结构为五跨(40＋3×64＋40)m，包括跨绥江主墩2号、3号、4号、5号四个T构，15.5m（两个边跨）的现浇段，5个2.00m合拢段，主梁混凝土标号C50，箱梁0号块采用托架支撑施工，箱梁1～7号块采用挂篮悬臂灌注施工，9号段采用ϕ630钢管支架现浇。

2　线性监控的工作内容及测点布置

根据黄落绥江大桥连续梁桥的结构特点、设计要求、施工方法的要求，施工线性监控的主要内容包括监测网的建立、挠度监测、应力测量、施工过程的仿真计算三个方面；为立模标高的确定与调整、合拢方案优化比较提供数据依据。

监测网的建立：利用原有加密Ⅱ等水准基准点HL03、HL04引至桥下。

（1）用经检定合格的钢尺，经配重引至桥梁顶面。

（2）利用现有全站仪TCRP1201＋经水准基点HL03采用三角高程测量免量仪器高和棱镜高的方法将高程引至桥梁顶面，HL04作为检查点。作为现浇悬灌梁线性沉降观测工作基点。

2.1　挠度监测与复核

2.1.1　测点布设与安装

挠度监测依照国家二等测量规范的相关要求，采用水准仪器配合铟钢尺监测预理测点高程变化。

在承台大里程方向右侧角、小里程方向左侧角距离边缘5cm处设置沉降观测点，梁体标高测点布置在离块件前端15cm处，采用ϕ16钢筋，垂直方向与顶板的上下层钢筋点焊牢并要求竖直。测点（钢筋）露出箱梁混凝土表面 2cm，测点磨平并用红油漆作标记。

（1）0 号块标高测点布置。布置零号块标高测点是为了控制顶板的设计标高，同时也作为以后各悬浇节段标高观察的基准点。0 号块的顶板布置 6 个标高测点，每端各设 3 个测点，腹板顶、桥梁中线各布置一个点，测点布置示意图见图 1。

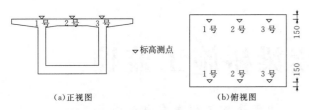

图 1 0 号块标高测点布置示意图（尺寸单位：mm）

（2）各悬浇节段的标高观测点布置。每个节段各设 3 个测点，腹板顶、桥梁中线各布置一个点，离块件前端 15cm 处，其他节段标高测点布置见图 2。

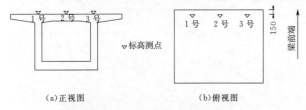

图 2 其他节段标高测点布置示意图

2.1.2 监测周期与频率

本次施工线性监控的目标之一使成桥后的线型满足设计要求，为此，需要准确测量梁段施工过程中每一道工序完成后的梁端标高变化，为确定及合理调整立模标高提供依据。节段末标高需进行挠度监测复核。

挠度监测周期以现场施工进度为依据，确保施工中各个主要环节均有一定数据满足进度要求的监测数据。

温度是影响主梁挠度的最主要因素之一，温度变化包括日温度变化和季节变化两部分，日温度变化比较复杂，尤其是日照作用，季节温差对主梁的挠度影响比较简单，其变化是均匀的。一天中因为温度变化标高的变化也很大，为了克服温度变化所引起的变形影响，根据经验，施工控制工作安排在一天中温度变化小的时段进行。对于广东地区，一般选择在清晨 7：30（春季、冬季）、6：00（夏季、秋季）以前完成外业测量。另外，箱梁浇筑混凝土后也应在次日的清晨时间测量变形。挠度监测基本频率为 1 次/d，原则上要求每日定时测量，考虑到现场施工情况，可适当调整测量时间，但是时间错开不可超过 1h，确保在如下几个施工环节中采集到合格的数据：

（1）挂篮移动就位后。

（2）浇筑箱梁混凝土前。

（3）浇筑箱梁混凝土后。

（4）张拉预应力束前。

（5）张拉预应力束后。

（6）挂篮移动前。

2.1.3 数据采集及分析

挠度监测数据采集由监控小组依据既定方案、原则完成，负责关键测点的数据复测、校核及挠度数据的分析。

测试结果的正确性是完成施工线性控制目标的先决条件。对于每一施工阶段的挠度和标高的测量结果都要进行详细的分析。将各施工阶段 1 号、2 号、3 号三点的设计标高、预拱度、预测立模标高、实测标高绘制成曲线以控制立面线形。

2.2 截面尺寸测量

根据误差分析的结论，混凝土超方对悬臂施工的连续梁桥来说，影响很大，必须尽可能地减小，因此，超方的测量也是非常重要的。除了应变和标高数据能够反映超方的现象，对每一节段梁截面测量也是一个好方法。

具体做法是每浇筑一节段梁，在悬臂端进行截面尺寸测量，包括截面高度、顶板、底板和腹板的厚度等，测量精度应控制在 2mm 以内。

2.3 混凝土弹性模量试验

2.3.1 混凝土弹性模量的测量

混凝土弹性模量的测量主要是为了测定混凝土弹性模量 E 随时间 t 的变化过程，即 $E-t$ 曲线。针对与本桥由于混凝土材料的复杂性，弹性模量变化还是比较大的，所以采用现场取样通过万能试验机试压的方法，分别测定混凝土在 3d、7d、14d、28d、60d 龄期的值，以得到完整的 $E-t$ 曲线。本桥分三次现场取样，测试原始记录采用混凝土弹性模量测试记录表、混凝土弹性模量测试记录表。

2.3.2 容重的测量

混凝土的容重的测试是采用现场取样，采用实验室的常规方法进行测定。具体记录由容重的测量记录表记录。

2.4 施工过程的仿真计算

施工过程的仿真计算是根据实测的设计参数，如混凝土容重、强度和弹性模量等，使用的施工工艺和工序，挂篮的结构形式和临时施工荷载等，计算施工过程中各个施工阶段的结构挠度和内力，为应力测量和挠度控制提供理论计算值。因此它是确定立模标高、分析偏差原因的重要依据，是保证合拢精度、评价体系转换后结构应力变化和结构安全的主要手段。施工过程的仿真计算的主要结果如下：

（1）各梁段挂篮前移定位后的结构内力、应力和挠度。

（2）各梁段浇筑梁段混凝土后的结构内力、应力和挠度。

（3）梁段张拉梁段预应力后的结构、应力和挠度。

（4）合拢段临时连接后的结构内力、应力和挠度。

（5）合拢段浇筑混凝土后（假定为荷载）的结构内力、应力和挠度。

（6）合拢段浇筑混凝土后（已成为结构）的结构内力、应力和挠度。

计算模型：MIDAS 计算模型如图 3 所示，本模型将桥体共划分成 103 个节点，102 个单元，将合拢段划分成 2 个单元。根据施工过程将模型分解成 16 个施工步进行施工过程模拟。

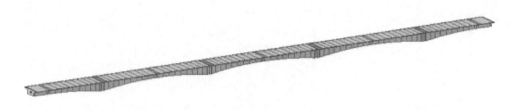

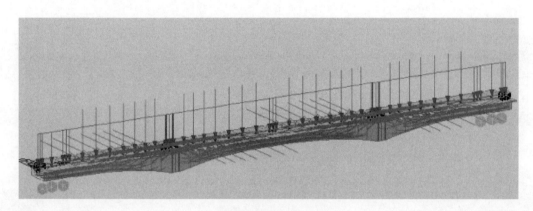

图 3　MIDAS 计算模型

2.5　立模标高的确定与调整

2.5.1　立模标高的确定

连续梁桥的成桥线型和合拢精度主要取决于施工过程中梁段挠度的控制。梁段的前端挠度是考虑了挂篮的变形、梁段自重、预应力大小、施工荷载、结构体系转换、混凝土徐变收缩、日照和季节温差等因素后计算求得，并且以梁段前端立模标高的形式给定，因此立模标高的确定极为重要。

箱梁各悬浇梁段的前端立模标高可参考式（1）确定：

$$H_i = H_0 + f_i + (-f_{iP}) + f_t + f_x \qquad (1)$$

式中　H_i——待浇梁段前端底板处挂篮底盘模板标高（张拉后）；

　　　H_0——该点设计标高；

　　　f_i——本梁段及以后各梁段对该点的挠度影响值；

　　　f_{iP}——本梁段顶板纵向预应力束张拉后对该点的影响值；

　　　f_t——挂篮弹性变形对该点的影响值（在挂篮加载试压后得出）；

　　　f_x——由混凝土徐变收缩、日照及季节温度变

化、结构体系转换、二期恒载、活载等因素对该点挠度影响的计算值。

2.5.2　立模标高的调整

计算采用 Midas，计算结果如下：

施工中，如施工顺序、施工荷载等发生变化，则应结合施工监控结果另行计算，以保证箱梁准确合拢。表中预留抛高值未考虑施工时挂篮、模板变形等因素，施工时，施工单位应综合考虑挂篮、模板的变形以及日照温差影响等因素，确定合理的立模控制高程。依据输出的一般预拱度结果表格（图 1），通过施工监测及时进行高程调整。

其中施工调整值包括：①挂篮及模板在浇筑混凝土过程中的变形；②各梁段浇筑时现场温差引起的相应悬臂端变位；③边跨支架下沉及弹性变形；④墩高差引起的压缩变形差；⑤基础不同沉降引起的高差。

Midas 计算一般预拱度图形（图 5、图 6），当本梁段完成后的前端标高出现偏差时，应在其后的两个梁段内将其消除。处理方法是：先将本梁段标高偏差反号并两等分为 d，再将 d 分别加进后面施工下两个梁段的立模标高中。标高偏差的分配以底板底面光顺为原则。调整待浇注模板的远端标高，使底板面光顺。

阶段	节点1	节点2	节点3	节点4	节点5	节点6	节点7	节点8	节点9	节点10	节点11	节点12	节点13	节点14	节点15	节点16	节点17	节点18	节点19
▶														-2.31	-0.53	-0.49	-0.42	0.00	0.46
CS1														-2.14	-0.53	-0.49	-0.42	0.00	0.45
CS2-1													-4.12	-2.16	-0.53	-0.49	-0.42	0.00	0.45
CS2-2													-4.21	-2.21	-0.53	-0.49	-0.42	0.00	0.45
CS2-3													-3.92	-2.11	-0.53	-0.49	-0.42	0.00	0.45
CS3-1												-6.37	-3.94	-2.12	-0.53	-0.49	-0.42	0.00	0.45
CS3-2												-6.60	-4.08	-2.18	-0.54	-0.49	-0.42	0.00	0.45
CS3-3												-5.99	-3.82	-2.09	-0.53	-0.49	-0.42	0.00	0.45
CS4-1											-8.80	-6.03	-3.83	-2.09	-0.53	-0.49	-0.42	0.00	0.45
CS4-2											-9.32	-6.37	-4.01	-2.16	-0.54	-0.49	-0.42	0.00	0.45
CS4-3											-7.90	-5.63	-3.67	-2.05	-0.54	-0.49	-0.42	0.00	0.46
CS5-1										-10.9	-7.96	-5.65	-3.68	-2.05	-0.54	-0.49	-0.42	0.00	0.46
CS5-2										-12.2	-8.79	-6.13	-3.92	-2.14	-0.54	-0.49	-0.42	0.00	0.46
CS5-3										-9.74	-7.44	-5.42	-3.59	-2.03	-0.54	-0.49	-0.42	0.00	0.46
CS6-1									-12.1	-9.88	-7.49	-5.44	-3.60	-2.03	-0.54	-0.49	-0.42	0.00	0.46
CS6-2									-14.5	-11.4	-8.45	-5.98	-3.86	-2.12	-0.54	-0.49	-0.42	0.00	0.46
CS6-3									-10.4	-9.08	-7.13	-5.28	-3.53	-2.01	-0.54	-0.49	-0.42	0.00	0.46
CS7-1								-11.8	-10.7	-9.19	-7.13	-5.30	-3.55	-2.01	-0.54	-0.49	-0.42	0.00	0.46
CS7-2								-15.9	-13.7	-11.1	-8.28	-5.90	-3.83	-2.12	-0.54	-0.49	-0.42	0.00	0.46
CS7-3								-10.0	-9.89	-8.79	-7.01	-5.23	-3.51	-2.01	-0.54	-0.49	-0.42	0.00	0.46
CS8-1	1.16	0.00	-0.89	-4.60	-7.47		-10.2	-10.4	-10.1	-8.91	-7.07	-5.25	-3.53	-2.01	-0.54	-0.49	-0.42	0.00	0.46
CS8-2	1.16	0.00	-0.89	-4.60	-7.47		-16.7	-15.4	-13.5	-11.0	-8.27	-5.89	-3.82	-2.11	-0.54	-0.49	-0.42	0.00	0.46
CS8-3	1.16	0.00	-0.89	-4.60	-7.47		-10.2	-10.8	-10.5	-9.21	-7.26	-5.35	-3.57	-2.03	-0.54	-0.49	-0.42	0.00	0.46
CS9-1	1.16	0.00	-0.89	-4.60	-7.47	-8.01	-8.46	-9.45	-9.61	-8.67	-6.98	-5.22	-3.53	-2.02	-0.54	-0.49	-0.42	0.00	0.46
CS9-2	1.15	0.00	-0.88	-4.60	-7.47	-8.03	-8.49	-9.51	-9.67	-8.73	-7.03	-5.25	-3.54	-2.03	-0.54	-0.49	-0.42	0.00	0.46
CS9-3	1.13	0.00	-0.87	-4.34	-7.12	-7.66	-8.09	-8.99	-8.92	-8.05	-6.44	-4.77	-3.19	-1.87	-0.54	-0.49	-0.41	0.00	0.45
CS9-4	1.03	0.00	-0.79	-3.87	-6.21	-6.63	-6.97	-7.49	-7.19	-6.30	-4.87	-3.46	-2.21	-1.25	-0.54	-0.49	0.29		
CS10-1	-0.03	0.00	0.05	0.62	1.68	2.03	2.40	3.74	4.57	4.72	4.29	3.59	2.70	1.70	0.46	0.42	0.35	-0.34	
CS10-2	-0.18	0.00	0.16	1.31	2.98	3.47	3.97	5.68	6.66	6.74	6.03	4.99	3.71	2.08	0.64	0.59	0.49	-0.47	
CS10-3	-0.28	0.00	0.24	1.76	3.78	4.36	4.94	6.85	7.90	7.90	7.01	5.76	4.26	2.66	0.74	0.67	0.56	-0.55	
CS10-4	0.13	0.00	-0.09	-0.27	-0.18	-0.11	-0.03	0.27	0.30	0.16	-0.00	-0.09	-0.13	-0.13	-0.07	-0.07	0.00	0.09	
CS11-1	0.16	0.00	-0.11	-0.39	-0.42	-0.38	-0.32	-0.13	-0.16	-0.30	-0.42	-0.44	-0.40	-0.30	-0.13	-0.12	-0.10	0.13	
CS11-2	0.22	0.00	-0.17	-0.82	-1.27	-1.34	-1.37	-1.37	-1.30	-1.12	-0.87	-0.63	-0.41	-0.23	-0.07	-0.07	-0.05	0.00	
CS12	0.00	0.00	0.00	0.00	0.00	0.00	0.00	0.00	0.00	0.00	0.00	0.00	0.00	0.00	0.00	0.00	0.00	0.00	

图4 输出的一般预拱度结果表格

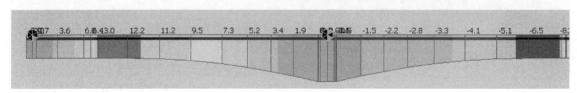

图5 一般预拱度图形

2.6 合拢方案的优化

为了保证合拢精度，尽量避免强迫合拢，确保合拢施工按照设计要求顺利进行，使合拢后的结构状态满足设计精度的要求，需要对合拢方案进行优化。

主要工作内容有：若需压重，通过评价合拢后的结构状态，优选出合理的压重重量。

对合拢段两端标高进行监测，标高高差控制在1.5cm以内，如果两端高差超过设计要求的标准则选择对一个 T 构进行配重的方案，在符合设计要求两端不平衡重小于10t的前提下，把标高高差调整在设计要求范围内。

3 报告提交与监控指令的下达

3.1 阶段报告

阶段报告包括应力测量报告、标高复核报告，随施工进度每一节段提交给项目部，由项目部分发给业主、监理、设计单位。

3.2 立模标高调整通知单

如需要对立模标高进行调整，由项目部监控小组发出立模标高调整通知单。通知单提交给项目部，由项目部分发给相关架子队。

3.3 总结报告

总结报告在大桥施工监控完成后一个月内提交给标段指挥部，标段指挥部审核后报送相关单位。总结报告包含阶段报告和立模标高调整通知单。

4 监测设备

4.1 施工监控用计算设备

高性能台式计算机4台和打印机2台，便携式电脑2台。

4.2 施工监测设备

主梁标高测量：精密电子水准仪（铟钢尺）和全站

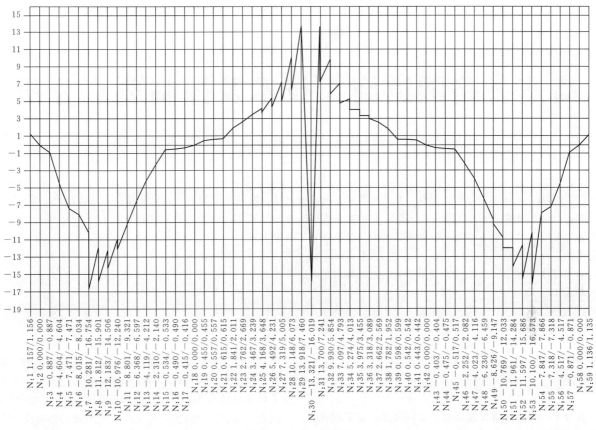

图 6　一般施工预拱度

（N:1 1.157/1.156　N:2 0.000/0.000　N:3 -0.887/-0.887　N:4 -4.604/-4.604　N:5 -7.471/-7.471　N:6 -8.015/-8.034　N:7 -10.281/-16.754　N:8 -11.812/-15.901　N:9 -12.183/-14.506　N:10 -10.976/-12.240　N:11 -8.801/-9.321　N:12 -6.368/-6.597　N:13 -4.119/-4.212　N:14 -2.310/-2.140　N:15 -0.534/-0.533　N:16 -0.490/-0.490　N:17 -0.415/-0.416　N:18 0.000/0.000　N:19 0.455/0.455　N:20 0.557/0.557　N:21 0.615/0.615　N:22 1.841/2.011　N:23 2.762/2.669　N:24 3.467/3.239　N:25 4.168/3.648　N:26 5.492/4.231　N:27 7.319/5.005　N:28 10.148/6.073　N:29 13.918/7.460　N:30 -13.321/-16.019　N:31 13.700/7.241　N:32 9.930/5.854　N:33 7.097/4.793　N:34 5.274/4.013　N:35 3.975/3.089　N:36 3.318/2.569　N:37 2.662/1.952　N:38 1.782/1.599　N:39 0.598/0.599　N:40 0.542/0.542　N:41 0.443/0.442　N:42 0.000/0.000　N:43 -0.403/-0.404　N:44 -0.475/-0.475　N:45 -0.517/0.517　N:46 -2.252/-2.082　N:47 -4.023/-4.116　N:48 -6.230/-6.459　N:49 -8.626/-9.147　N:50 -10.769/-12.033　N:51 -11.961/-14.284　N:52 -11.597/-15.686　N:53 -10.100/-16.573　N:54 -7.847/-7.866　N:55 -7.318/-7.318　N:56 -4.517/-4.517　N:57 -0.871/-0.871　N:58 0.000/0.000　N:59 1.136/1.135）

仪各 2 台。

4.3　计算软件

结合（40＋3×64＋40）m 连续梁桥的结构特点、设计要求和施工方法，使用主流的结构分析软件对桥梁结构施工过程进行受力分析。

5　结语

（1）在连续刚构桥施工过程中，多个 T 构要同步对称施工，以避免因为进度不一致，从而使混凝土的收缩徐变作用对主梁的线形造成不必要的影响。

（2）在进行大跨度桥梁施工阶段仿真计算分析时，结构计算参数的取值是否接近真实值，直接关系到施工阶段仿真分析计算结果的精准性，也影响到对现场测试结果是否可信的判断。

（3）选取结构计算参数的原则是各项计算参数的选取尽量和施工实际相符合。对于一些重要的参数要通过现场测试的方法进行识别，对于不重要的参数按设计图纸或规范取值。

（4）在对大跨度混凝土梁式桥进行施工监测仿真分析时，对于混凝土容重参数值和预应力孔道摩阻系数值一定要通过现场测试确定。

参 考 文 献

［1］ 黄伟. 大跨度连续梁桥施工监测控制技术 ［J］. 土工基础，2009，23（3）：92-95.

［2］ 刘喜辉. 大跨度预应力混凝土连续梁桥施工控制技术研究 ［D］. 南昌：华东交通大学，2006.

高速公路隧道施工技术及控制要点分析

王　鹤　金耀科/中国水利水电第十四工程局有限公司

【摘　要】 隧道施工技术是一种新型的施工体系，其在高速公路施工中的应用，能够保证高速公路施工质量，提高高速公路服务水平。但是，需要注意的是在高速公路隧道施工过程中，要对钻爆施工技术、防水施工技术、锚杆施工技术、混凝土喷射技术等进行深入研究，依据不同的施工情况和施工方案，来选择不同的施工工艺，避免出现混凝裂缝或钻爆坍塌等安全事故，从而保证高速公路隧道施工的安全性。基于此，本文主要对高速公路隧道施工技术进行了分析，并对其控制要点进行研究，以期能够为高速公路的隧道施工提供必要的技术保障。

【关键词】 高速公路工程　隧道施工技术　控制要点

1　引言

近年来，为了缓解交通压力，我国高速公路工程在数量与规模上都有着较为显著的增加。由于高速公路的路线较长，其在施工过程中不可避免地需要运用隧道施工技术来保证高速公路路线的合理性。但是，由于隧道施工技术的环境较为复杂，且其相对来说属于地下施工，若在施工过程中没有对施工环境进行超前勘探，则可能会因勘探不到位而引发安全事故。尤其是在钻爆施工过程中，施工单位需要对施工地质条件进行分析，依据分析结果制定相应的技术方案，降低因缺乏安全可靠和预见性针对技术方案事故发生的可能。

2　高速公路隧道施工存在的风险

2.1　较多的隐蔽工程

隧道工程算是地下工程，因此对其具体结构的掌握具有较大的难度，而且隧道施工过程中各个程序之间具有十分密切的联系，任何一个工序都对其他工序有着极大的影响。隧道工程由于其自身的特点，施工过程中的检查效果较其他工程来说较差，因此其中必然会存在较多的隐蔽工程，若是在隧道施工的过程中，不能对施工工序中隐蔽工程中存在的问题进行及时的发现解决，则会在极大的程度上影响到隧道工程的安全施工。

2.2　恶劣的施工环境

隧道施工一般就是指对山体进行开挖，山体的岩石结构与地质特点都会对隧道施工造成极大的影响，在施工环境中要对这些因素做综合性的考虑。隧道施工的施工环境空间窄小，十分恶劣，存在着极多的安全隐患。此外，隧道工程施工工艺复杂，很多时候都需要工艺之间互相交叉进行，这就使得隧道施工的难度进一步增大。

2.3　地质勘探不到位

在高速公路隧道施工过程中，因地质勘探不到位而引发施工事故的案例有很多。而出现这种现象的很大一部分原因是施工人员在施工过程中，没有将施工对周围环境的影响考虑在内，或者一些施工技术人员对施工分析不到位，在对影响范围内的地质条件勘探不全面，导致在隧道施工过程中，出现因缺乏针对性技术方案或相对事故防范措施的事故。

3　高速公路隧道施工技术要点

3.1　钻爆工艺施工技术要点

钻爆工艺和非钻爆工艺是当前隧道施工中常用的施工方式。在高速公路隧道钻爆施工的过程中，应注意以下几点：

（1）要根据所需工艺的具体要求，选取合适的钻爆技术。当面对不同的岩体结构时，所需使用的钻爆方式也不尽相同，钻爆技术应该严格遵照施工设计的相关规定。

（2）要对钻爆工艺所采用的工具与器材进行科学合

理的选择。从我国目前的隧道施工技术来看，最常采用的爆破材料是硝铵炸药，其在隧道施工过程中应用较为普遍。

（3）在钻爆施工的过程中要做好山体的支护工作，从而加强隧道的稳定性。采取支护手段前要仔细研究岩体的结构特点，具有针对性的采取支护措施。比如，针对硬围岩，就要对遗留岩体采取对应的支护保护，以减少岩体所受的损伤；而对于软围岩，则需做好其相关的防松弛施工。

此外，在钻爆工艺施工过程中，针对不同级别的隧道围岩，施工单位应选择不同的钻爆工艺，尽可能地降低钻爆施工对周围地质性质的影响，减少安全事故的发生。

3.2 明洞及洞口施工技术要点

简单来说，洞口施工就是隧道工程破土开挖的第一道工序。因此，对洞口施工技术进行有效控制是极为重要的。①在对洞口进行开挖之前，要做好各方面的准备工作，具体来说，就是对山体的水文地质特征等进行充分的分析与研究，根据最终结果来对施工中可能存在的安全隐患进行剖析，并做好对应的预防工作；②洞口施工要以测量放线结果为依据，对截水沟的位置情况进行明确，对明洞边坡、边仰坡等做出准确的放线，然后结合人力与机器，实施对洞口的开挖；③要做好对洞口的边坡支护。洞口开挖后，其有可能由于岩体与周围环境的影响而出现塌方等安全事故，因此，在洞口施工完成后，要第一时间对洞口周围的岩体进行支护，提高隧道洞口的稳定性。

3.3 防水施工技术要点

隧道施工中较为困难的一个环节就是防排水施工。在隧道施工中，存在着较多的不确定因素，洞口开挖后结构水的出现就是其中较为常见的一种，若是不能将水及时排除，则会严重影响隧道施工的整体过程。在进行隧道的防排水施工时，要综合防、堵、排等多种手段，灵活运用，避免中水流冻结的现象发生，同时，要做好动身的整体排水防水工作，及时处理隧道施工过程中发生的渗漏问题，对隧道中的缝体进行修复及加固，从而解决薄弱处的渗漏问题。

3.4 锚杆施工技术要点

如今施工技术水平不断提高，锚杆施工技术在隧道施工过程中得到了越来越广泛的应用，在进行锚杆施工的过程中，要对其技术要点严格掌握，以保证施工质量。①在记性锚杆施工的过程中要注意做好清理工作，因为锚杆钻孔工作的主体是岩凿机，所以锚杆施工过程中油污、碎屑等杂质会不可避免的产生，若是不能对这些因素进行及时的清理，则会在很大程度

上影响到接下来的隧道施工；②要对药包入孔眼的力度进行严格的控制，在锚杆插入岩体孔眼前，要把提前备好的药包顶进孔道里边，为了保证药包能够顺利进入，要保持孔道的洁净，还要确保顶入力度的合理性，避免因顶入力度过大而造成的药包变形甚至泄漏。

3.5 混凝土喷射技术要点

近年来，混凝土被大量地应用于各类建设工程之中，隧道工程同样离不开混凝土的使用。在隧道施工过程中一般会采用混凝土喷射技术，对此项技术一定要严格控制其技术要点。首先，要选择科学合理的混凝土喷射技术。目前有两种较为完善的混凝土喷射技术，即为湿喷与潮喷。在隧道施工中，一定要结合施工环境的具体特点来选择合适的喷射技术。湿喷技术可以大大提高混凝土喷射的黏结性与支护性能，因此其往往应用与需要加大支护力度的围岩施工之中。潮喷则较为广泛地应用于施工条件困难的环境中，其可以使混凝土快速凝结，能够减少凝结剂的用量，降低施工成本。其次，要对施工材料以及器械进行严格控制。混凝土时隧道施工中的重要施工材料，因此要对其质量进行严格的控制，从而保证隧道工程的整体质量，对于混凝土喷射机的选择同样如此。最后，在进行混凝土的喷射之前，要清洁开挖断面，从而确保断面的相关条件符合喷射规定。

4 隧道施工质量控制措施

4.1 健全施工工艺

随着时代的进步与科学技术水平的提高，高速公路工程的相关施工技术也取得了极为显著的突破与发展。但就目前水平来看，我国隧道施工技术还未达到国际先进水平，这就要求施工技术人员对先进的隧道施工工艺进行探索与研究，取其精华，对我国现有的隧道施工技术进行完善与健全。在以往的隧道施工过程中，经常采用先拱后墙的施工方式，这种方式能够在复杂的地域环境中发挥较好的效果，常被用于断层破碎带的环境之中。但随着技术的发展与进步，科技人员发现台阶法比先拱后墙的技术具有更大的优势，其安全稳定性更高，且成本较低，因此现在隧道施工中多采取台阶法。总而言之，进行施工工艺的创新与完善可以使隧道施工整体质量进一步提高。

4.2 做好地质勘探工作

在高速公路隧道施工过程中，无论选择那种施工工艺都会对周围环境带来一定的影响，尤其是建筑施工对周围地质环境的影响，其可能会降低地质的密实

度，若不进行细致而全面的地质勘探工作，则可能会给施工进度带来一定的影响。因此施工单位在施工过程中，必须要做好地质勘探工作，确定施工工艺对周围地质的影响，从而不断完善施工方案，保证施工的安全性。只有做好地质勘探工作，才能确保整个隧道施工对周围环境的影响在可控范围内，在竣工验收过程中，才会符合要求，进而保证了高速公路隧道施工质量。

5 结语

总的来说，我国隧道施工技术在建筑施工中的应用还有所欠缺，需要施工技术人员不断去完善，保证隧道施工质量。因此施工单位及技术人员需要加强对于隧道施工技术的研究，积极探索隧道施工技术，提高隧道施工技术水平，从而提高隧道施工质量。

一种斜井运输小车防坠落装置的研究与应用

陈绍友/中国水利水电第十四工程局有限公司

【摘　要】 在国内水利水电工程斜井施工领域中，斜井运输小车提升系统无法从根本上解决提升设备出现故障或钢丝绳断绳后运输小车因失去牵引力而坠落的风险。为解决此问题，在运输小车底部设计安装一种抱轨制动装置。在斜井施工过程中，当运输小车因出现提升设备发生跑车或提升钢丝绳断裂等意外情况后，运输小车通过该装置实现抱轨制动，防止坠落，保证了设备及施工人员的安全。同时，在小车上安装缓冲装置，保证运输小车在制动时克服惯性力的作用，平稳制动。

【关键词】 水利水电工程　斜井　滑模　运输小车　抱轨制动装置

1 引言

目前国内斜井施工运输系统主要为：采用一台或两台或一台双卷筒卷扬机牵引运输小车沿斜井内已安装好的轨道将人员、材料或设备运输至施工作业面。由于斜井施工的特殊性，上、下交叉作业无法避免，施工期间斜井下端作业平台上有施工设备、施工人员，作业平台至斜井上端运输小车上、下运行，且运输小车的运行频率很高，因此对运输小车的安全可靠性要求极高。目前已有的牵引系统不能从根本上解决钢丝绳断绳或提升设备出现故障导致运输小车跑车而坠落的事故，存在以下问题：

（1）用一台卷扬机牵引一根钢丝绳提升运输小车的方式，若钢丝绳断绳或卷扬机出现跑车故障都将导致运输小车坠落。

（2）采用两台卷扬机共用一根钢丝绳牵引运输小车时，钢丝绳绕过安装于运输小车上的平衡滑轮后，钢丝绳的两端分别固定在两台卷扬机的卷筒上，此牵引方式同样存在钢丝绳断绳或卷扬机出现故障导致运输小车坠落的风险。

（3）台卷扬机各自用一根钢丝绳同时牵引运输小车的系统中，在运输小车上安装用于调整因两台卷扬机不同步运行的液压油缸，钢丝绳的牵引端固定在液压油缸上，这种牵引方式中虽然减少了钢丝绳断绳的风险，但仍然不能解决卷扬机出现跑车故障后的风险。

（4）一台双卷筒卷扬机牵引两根钢丝绳共同牵引运输小车，与采用两台卷扬机牵引两根钢丝绳共同牵引运输小车的工作情况相似，同样无法避免因卷扬机出现跑车故障后导致运输小车坠落的风险，只是这种牵引方式极大地减小了两根钢丝绳运行的不同步性。

在我国，斜井运输工具最早应用在矿山资源的开采工程当中，在各类煤矿中的使用最为频繁。因而斜井运输小车防跑车的各种装置最早也在煤矿的开采中逐渐被应用和不断地发展起来。中国水利水电第十四工程局有限公司通过对矿山及矿山设备制造企业的调研，细心研究，结合水利水电工程斜井施工的特点，在斜井施工中选用防坠落抱轨装置，有效解决了上述难题。

2 防坠落抱轨装置结构及工作原理

斜井运输小车防坠落制动装置结构组成包括：主拉杆、撞铁、卡爪、支撑块、抱爪、制动弹簧、导杆、挡板槽钢、开动弹簧；撞铁装在主拉杆上，将其分为前拉杆和后拉杆，后拉杆一端连接挡板槽钢和开动弹簧，卡爪与后拉杆接触，卡爪与支撑块连接，支撑块与导杆铰接，导杆上装有制动弹簧，抱爪与制动弹簧连接，主拉杆的前拉杆与小车主绳连接装置相连，主拉杆前拉杆在运输小车底盘中心位置，并承载整个小车的牵引荷载。抱轨制动装置结构图见图1。

斜井运输小车防坠落制动装置可采用自动制动和人工制动双重制动方式。

（1）自动制动。拉杆位于运输小车底盘中心直接承受运输小车牵引力，运输小车启动运行时，拉杆在

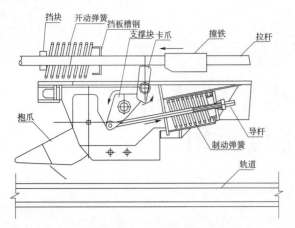

图 1 抱轨制动装置结构图

牵引力作用下向前移动，开动弹簧逐渐被压缩。运输小车正常运行后拉杆承受所有牵引力，开动弹簧被压缩至极限状态。当运输小车失去牵引力后，拉杆在开动弹簧弹性力的作用下连同撞块一起向后移动，在移动的过程中撞块碰到卡爪后，卡爪逆时针转动从而使卡爪和支撑块脱离，在制动弹簧弹性力的作用下带动抱爪下落（即制动弹簧在正常运行中被压缩）与轨道接触抱轨制动。

（2）人工制动。当运输小车在运行过程中需要紧急停车时，司机搬动制动手柄，制动手柄钢丝绳和前拉杆与撞块连接的销轴相连，手动制动时，制动手柄通过钢丝绳将销轴带出，前拉杆和撞块分离，开动弹簧在弹性力的作用下带动后拉杆连同撞块一起向后移动从而触发卡爪启动抱轨装置抱轨制动。

运输小车缓冲器采用绳式缓冲器，用 6×37 交叉捻 $\phi 19.5$ 钢丝绳，始端固定在枢轴上的夹绳器件上，末端在车体内并留有余绳。当运输小车制动时，制动架相对轨道不动，车体沿制动架滑动，在滑动过程中其能量逐渐被缓冲器吸收，使运输小车平稳制动，钢丝绳被滑过的长度与距离、倾角、车速、载荷有关，最大允许滑过 0.6m，缓冲量阻力值可通过螺栓进行调整。

3 主要特点

（1）制动及时、有效。与传统的运输小车提升系统相比，该防坠制动装置对提升设备故障或钢丝绳断绳等意外情况发生时均能有效制动，且制动时间较短，制动时抱爪下落能够有效抱住钢轨。

（2）制动平稳、安全。制动时在缓冲绳的作用下，车体沿制动架缓慢下滑，能够克服制动时的惯性力，保护人员及设备的安全。

（3）通过自动制动方式防止运输小车坠落，通过手动制动实现紧急停车。

（4）通过安装绳式缓冲器使运输小车在抱轨制动时能够平稳制动，克服制动时的惯性力。

4 结语

斜井运输小车防坠落装置正式投入使用前，进行了运输小车空载、满载等一系列脱钩抱轨试验，试验过程中该装置制动及时有效、平稳安全。该装置成功运用于广东清远抽水蓄能电站、深圳抽水蓄能电站及海南琼中抽水蓄能电站的斜井滑模混凝土衬砌施工中，过程中运输小车运行正常，稳定性较好，期间无任何安全事故发生。

丘陵地区风电场道路综合排水系统设计及要点分析

王昌元　李　亮/中国水利水电第十四工程局有限公司

【摘　要】 在丘陵地区建设风电场，需修筑上山道路满足风机设备运输及运维期的检修要求，道路的修筑改变了丘陵山坡雨水自然汇流路径。在低技术标准、低投资的普遍情况下，为保证风电场道路稳定和运行安全，减少水土流失和生态破坏，科学合理的综合排水系统设计是风电场道路建设的重点。

【关键词】 丘陵地区风电场　道路排水系统　设计　要点分析

1　概况

目前国内丘陵地区风电场道路建设标准一般介于乡村公路与四级公路之间，其平曲线半径小，纵坡大（最小平曲线半径15m，最大纵坡16%），各种排水、防护工程措施技术标准低（往往采用简易边沟加土沟的形式）。而道路修筑时，将会对原有水流路径进行分割或汇集，改变原山坡雨水的自然流态，此时，道路的排水、防护措施不当将会导致冲刷径流，破坏排水构筑物甚至冲毁路基，进而引起水土流失和环境污染，造成工程成本增加及不良社会影响。

做好丘陵山区风电场道路综合排水系统，一方面是保证路基稳定，满足风机设备运输的基础；另一方面是减少水土流失，保护生态的关键。本文结合广东阳江新洲已建成鸡山风电场项目对丘陵地区风电场道路综合排水系统设计要点进行分析研究。

2　综合排水系统设计目的

结合自然地形、地貌、小流域特性，对道路的排水系统进行综合设计，形成一套适用的、经济的、安全耐用的排水系统，使其既能满足风机设备运输及检修要求又能减少建设过程中的水土流失和环境污染问题，同时达到节约投资与提高企业形象的目的。

3　综合排水系统设计原则

丘陵地区风电场道路综合排水系统设计是一个从线到面到点，再由点及面至线的综合的、系统的、总体的一种设计。按由线到面到点进行详细分析、调查、研究，了解各自的水文特征、核心辅助功能、地形地质条件、自然水系布局以及农业设施规划，再由点到面到整个线进行系统综合研究和选择。

丘陵山区道路路排水系统设计一般遵循以下原则：

（1）遵循"集中、及时、通畅"的排水原则。我国南方山区气象条件恶劣，降雨集中，雨量大，汇流时间短，流速快，对道路路基路面、构造物的冲击力量大，破坏严重，将水及时排出是道路正常通行的保障。

（2）丘陵地区风电场道路应注重排水的系统性和综合性，排水设施应自然、系统、完善。风电场道路排水系统是由各种拦截、汇集、拦蓄、输送、排放等各种地表水排水设施和构造物组成的总体，将各种不同结构物连成有机整体，是最大限度发挥排水系统作用的关键。

（3）充分重视关键部位排水系统。根据各路段水文特征、地形地质条件、自然水系走向以及农业设施规划考虑，风电场道路排水可分为如下几种典型路段：挖方边坡路段、填方边坡路段、填挖交接路段、半填半挖路段。对于丘陵山区风电场道路路而言，其区别于平原地区的路段有高填方路段、深挖方路段、高填深挖结合部及长陡坡段，而这些路段又是水毁多发路段，对这些路段进行排水系统的设计研究尤其重要。

4 综合排水系统设计方法

4.1 小流域特性分析

4.1.1 小流域调查

阳江鸡山风电场位于阳江市区东南侧约50km的丘陵山区。该区域属南亚热带海洋季风气候，雨量充沛，台风暴雨频繁，年平均降雨量为1024.5mm，最大降雨量高达2808.5mm；工程场址区冲沟发育，冲沟地表水流受大气降水影响较大，雨天时水量大；山坡植被茂密。

场内道路总体由山脚向山顶风机平台蜿蜒爬升，局部路段上下坡交替向前。道路把原自然山坡不同汇水区域纵向联通，水平分割，彻底改变了原山坡的雨水自然汇流路径和汇流量。

4.1.2 小流域特性分析（以鸡山风电场9号风机支线道路为例）

9号风机支线道路经村道而入，从山麓东侧，沿山体北面、西面盘山而至风机平台，共计1.125km。经现场调查，K0+000～K0+050为农田，K0+050～K0+055处跨越小河，其路经山体汇流区域依次为：K0+050～K0+130、K0+130～K0+250、K0+250～K0+450、K0+450～K0+800、K0+800～K0+1000、K1+000～K1+125，山体汇流区域单元共6个（山脊间原始独立汇流面为1个汇流单元），道路以上山坡汇流面积表见表1。

表1 道路以上山坡汇流面积表

序号	汇流区域单元	山坡汇流面积（道路以上）F/m^2	山坡汇流长度 L/m	山坡汇流平均坡度 $J/\%$
1	K1+075～K1+185	3291.2	32.8	33.5
2	K0+800～K1+075	12496.6	71.7	34.9
3	K0+550～K0+800	29142.5	128.3	42.9
4	K0+432～K0+550	9037.5	141.4	42.4
5	K0+270～K0+432	10646.7	146.8	50.4
6	K0+060～K0+270	26251.0	141.0	65.2

4.2 小流域洪水流量计算及排水构筑物确定

4.2.1 暴雨强度计算

暴雨强度参照广东佛山市城建局按照历时雨水资料按照数理统计法编制的暴雨强度公式为：

$$q=1930(1+0.58\lg P)/(t+9)^{0.66} \qquad (1)$$

式中 P——设计暴雨重现期，采用 $P=5$ 年。

设计降雨历时：

$$t=t_1+mt_2 \qquad (2)$$

式中 m——延缓系数，自排取1；

t_1——地面集水时间，取15min；

t_2——沟渠流行时间，取5min。

由此可得

$$q=293.9\left[L/(s\cdot hm^2)\right] \qquad (3)$$

4.2.2 汇水流量计算

$$Q=q\psi F \qquad (4)$$

式中 Q——雨水设计流量，L/s；

q——设计暴雨强度，$L/(s\cdot hm^2)$；

ψ——径流系数，取0.7；

F——汇水面积，hm^2。

以9号风机支线道路排水系统设计为例：

据现场地形实际调查，9号风机支线道路与山坡山脊相交里程桩号分别为K0+260、K0+430、K0+570、K0+810、K0+920；山坡汇水凹面相交里程桩号分别为K0+180、K0+360、K0+520、K0+700、K0+900。按山坡自然汇流面划分汇流区，并选择在冲沟处设置涵管泄水，因道路前进方向均为上坡，每道涵管只考虑排泄其最大桩号方向的汇水，进行排水分区设计洪水计算，计算结果见表2。

表2 排水分区设计洪水计算结果 单位：L/s

汇流区域	K0+900～K1+185	K0+700～K0+900	K0+520～K0+700	K0+360～K0+520	K0+180～K0+360	K0+060～K0+180
汇流面积/hm^2	1.45	1.82	1.30	1.26	1.50	1.04
$Q/(L/s)$	298.3	374.3	267.4	259.2	308.6	213.9
50%$Q/(L/s)$	149.2	187.2	133.7	129.6	154.3	107.0

经现场汇水路径比对，山坡汇水约 50%～80% 的水流量顺山坡冲沟汇排。路基排水边沟按排水渠设计洪水量的 50% 考虑。

4.2.3 道路排水沟结构确定

结合现场施工条件及成本控制，初选路基排水边沟为砖砌结构和土质结构。砖砌排水沟为 40cm×30cm（宽×高，下同）的矩形断面，过水面以 M10 砂浆抹面压光；土质排水沟为 40cm×20cm 的矩形断面（原状土区挖槽形成）。

沟或管泄水能力计算：

$$Q_c = vA \qquad (5)$$

式中　Q_c——沟或管的泄水能力，m^3/s；

　　　v——沟或管的平均流速，m/s；

　　　A——过水断面面积，m^2。

平均流速计算公式：

$$v = R^{2/3}I^{1/2}/n \qquad (6)$$

式中　n——沟臂或管臂的粗糙系数，按照 JTG/T D33—2012《公路排水设计规范》取值，土质明沟取 0.022，砖砌抹面明沟取 0.045；

　　　R——水力半径，砖砌明沟 $R=(0.4+0.4+0.4)/(0.4×0.4)=7.5$，土质明沟 $R=(0.2+0.4+0.2)/(0.2×0.4)=10$；

　　　I——水力坡度，按照 JTG/T D33—2012《公路排水设计规范》取沟的底坡。

按照水力坡度计算砖砌、土质排水沟沟内水流平均速度 $v_砖$、$v_土$，具体值见表3。

表 3　　　　　　　　　　　　　　　　　　排水沟水流速度计算结果

汇流区域	K0+900～K1+185	K0+700～K0+900	K0+520～K0+700	K0+360～K0+520	K0+180～K0+360	K0+060～K0+180
道路排水沟坡度 i/%	9.1	5.0	7.8	15.0	12.2	6.7
$v_砖$/(m/s)	1.62	1.21	1.51	2.09	1.89	1.40
$v_土$/(m/s)	3.31	2.47	3.08	4.28	3.86	2.86
$Q_{砖排}$/(L/s)	235.2	145.2	181.2	250.1	226.9	168.0
$Q_{砖汇}$（50%Q）/(L/s)	149.2	187.2	133.7	129.6	154.3	107.0

按照 JTG/T D33—2012《公路排水设计规范》查取砖砌抹面 $v_{max}=4.0m/s$，土质边沟 $v_{max}=0.8m/s$；故上述汇流区不适合设置土质边沟。

按照 40cm×20cm 土质边沟最大允许流速 0.8m/s 反算，设置土沟的道路纵坡应不大于 0.7%，故设置土质边沟段，必须进行水力计算复核，否则均设置砖砌排水沟或采取防渗水土工布铺底 M10 砂浆抹面成沟，以满足过水及防冲刷要求。

以 40cm×30cm 砖砌排水沟验算，9 号风机支线道路 K0+700～K0+900 段不能满足泄排要求，其余段 $Q_{砖排}>Q_{砖汇}$，均满足排水要求。

对于不满足泄排要求的排水沟，可采取加大过水断面或在中间段增设涵管分流的措施来满足泄排要求。

经查勘现场 K0+700～K0+900 段中 K0+730～K0+810 段为挖方路堑，不便增设涵管分流，故采取加大排水沟过水断面方案。以 40cm×40cm 砖砌排水沟验算，按以上水力公式计算 $v_砖=1.30m/s$，$Q_{砖排}$（208L/s）$>Q_{砖汇}$（187.2L/s），满足排水要求。

综上，9 号风机支线道路排水边沟设计除 K0+700～K0+900 段外，在挖方边坡单侧设置 40cm×30cm 的砖砌排水边沟；K0+700～K0+760 段设置 40cm×40cm 的砖砌排水边沟，排水沟坡度与道路纵坡一致。经现场实践，满足排水要求。

4.2.4 跨路基涵管尺寸确定

（1）拟安装净空为 $\phi500$ 的钢筋混凝土管涵，排水坡度为 2%。

按照 JTG/T D33—2012《公路排水设计规范》中沟或管泄水能力计算：$Q_c=vA$，$Q_排=245.3L/s$。

与计算洪水汇流量比对，上述断面安装 $\phi500$ 钢筋混凝土管涵不能满足洪流量泄排要求。

（2）拟安装净空为 $\phi750$ 的钢筋混凝土管涵，排水坡度为 2%。

按照 JTG/T D33—2012《公路排水设计规范》中沟或管泄水能力计算：$Q_c=vA$，$Q_排=719L/s$。

与计算洪水汇流量比对，上述断面安装 $\phi750$ 钢筋混凝土管涵满足洪流量泄排要求。

9 号风机支线道路 K0+180，K0+360，K0+520，K0+700，K0+900 安装 $\phi750$ 钢筋混凝土管涵进行泄排洪流量，经现场实践，满足排水要求。

5　综合排水系统形成

在排水系统设计中应注重与当地的自然水系、已有的或规划的水利设施（灌溉排水、河川治理或水土保持等）协调配合。且各项排水设施应重视流末处理，防止排泄水冲毁农田及其水利设施，防止冲刷地表引起水土流失，或者污染水源。具体做好以下几种形式的排水：

（1）填方路段排水。做到路面排水、坡面排水和边坡防护措施的相互结合。高边坡段可设置急流槽防冲刷，设置填方路肩边沟汇集路面排水，边沟、排水沟、截水沟、涵管连接处设置跌水井，对水流起到缓冲作用。

（2）填挖结合段排水。主要设计内容包括路面排水和坡面排水。路面排水除了常用到的排水设施外，还可在边沟过渡高差大于1m处设置急流槽连接，急流槽与填方边沟相接处设置跌水井；路面表面水汇入边沟后，通过急流槽与填方排水沟交汇排出路堤范围，或者直接汇入填方排水沟。坡面排水包括挖方坡面排水和填方坡面排水，常用的排水设施主要有截水沟、边沟、排水沟和急流槽等，将所有排水设施布置成网状结构，利于水的快速排出。

（3）半填半挖段排水。主要设计内容是路面表面排水。在路基填方一侧设置拦水带，路面表面水通过横坡流向拦水带，集中通过急流槽排出路基；在较高挖方边坡侧设置截水沟；按前述排水设计方法计算汇水量，根据汇水量设置横向排水管将挖方边沟水引排至填方排水沟。

（4）长下坡段排水。长下坡是丘陵山区风电场道路的排水特点及难点，其纵坡大，按常理来讲长下坡段排水对于坡面排水是有利的，但是由于风电场道路路面结构简单不抗冲刷的特点，长下坡段容易造成大水流急速冲刷问题，对此，必须按照前述排水设计方法计算，采取适合的排水结构形式。

另排水末端与坡脚自然河沟的良好衔接，也是保证排水系统有效运行的关键。阳江鸡山风电场9号支线道路的综合排水系统研究经现场实践，整体效果良好，很好地验证了上述排水设计方法的正确性。

6 结语

本文依托广东阳江鸡山风电场工程实践，对丘陵山区风电场道路综合排水系统设计进行简单分析研究。

（1）总结了丘陵山区风电场综合排水系统设计的设计理念，结合丘陵地区风电场道路建设特点，探讨了丘陵地区风电场道路综合排水系统的特点和设计原则。

（2）运用科学数理统计与实践验证的方法，阐述了丘陵地区风电场道路排水系统的特点，探讨了丘陵地区风电场道路排水系统设计的具体方法。

（3）鉴于风电场道路主要是满足风机备运输与后期检修的特点，其排水系统应从规划设计阶段至完工后维护阶段皆要保持高度重视，确保道路排水系统长期有效运行，减少建设期投资成本与运维期维护成本。

（4）通过对丘陵地区风电场道路排水系统的精确设计，减少风电场建设对当地环境的污染和生态的破坏，真正让风电资源的利用正面促进当地经济发展，取得良好的经济效益的同时也取得良好的社会效益。

浅谈信息化时代对资产的全寿命周期管理

马双峰/中国水利水电第十四工程局有限公司

【摘　要】 工程建设施工管理，不仅包括施工技术，更包含实实在在的现场管理，而对工程建设所使用的设备及工程材料的管理则是整个工程管理的重要环节，是施工企业生产经营管理中不可缺少的组成部分，更是施工成本控制的关键环节，资产管理工作的提升和改善将对整个项目的施工建设起到良性推动作用。本文重点描述资产管理工作的流程，分析各项工作重点，提出在信息化时代，改进工作方法，实现对资产的实时监控和全寿命周期的管理。

【关键词】 资产管理　信息化　实时监控　全寿命周期

1　引言

有效的设备物资管理对于促进施工企业生产发展，提高产品质量，降低产品成本，加快资金周转，增强施工企业盈利等都具有十分重要的意义。一个施工企业想进行生产和扩大再生产，就必须重视设备物资管理，改进设备物资管理理念，加大设备物资管理力度，与时俱进，把设备物资管理和生产紧密结合起来，做到各尽所能，使施工企业的利润最大化[1]。

2　现行管理模式分析

2.1　物资管理

物资的使用量及采购金额在整个工程管理中起着关键作用。种类多，使用周期不同，有的材料在整个工程建设期间都要使用，有的则是特定时期部分使用，同时材料的质量更是需重点把控的对象，它决定了工程的质量，关系到工程安全问题，不容小觑。而往往材料采购存在很多限制因素，尤其是地材有很多的地域性限制，部分材料生产厂商、供应商少，有一定的垄断性，这些因素造成了材料管理工作从一开始的选择商家采购到后期的供货管理都存在很多困难。

根据设备物资相关管理办法，按照采购金额不同及采购物市场供应实际情况来确定设备物资的采购方式，有集中招标采购、询价采购、竞争性谈判等采购方法，而大部分物资材料使用量较大，采购方式选择集中招标采购或网上询价采购。选定首选、备选供应商后，项目部与供应商签订采购合同，大批量长期使用的材料则选择让供应商按照我方使用情况进行派送，另外一些可以一次完成运送的材料，则是选择一次性完成供货。需要长期供货的材料在管理上相对比较麻烦，需要根据现场货物余量、工程使用情况、供应商备货供货周期等因素来确定要去供应商供货的时间，在遇到供应商无法按时供货的情况时需要有备选的供应商来完成供货，这就需要管理人员与现场和供应商的及时有效的沟通，确保各个环节不脱节。

验收是保证进场材料质量和数量的重要环节，所需材料到货后进行及时的验收，做好验收记录，对不合格货物进行退回，不允许进场，合格货物及时安排入库，做好存放工作，做到不影响现场施工且最大限度保证材料存放损耗[2]。入库工作需要做好入库货物的资料信息统计更新，此项工作要做好各批次材料现场入库信息的准确记录，并及时汇总到物资管理总台账上。材料出库调拨，同样需要做好材料出库记录，并最终回执到物资管理台账上。整个验收入库到调拨出库的工作过程中需要经过多次信息记录更新，造成整体数据管理工作量大，且容易因失误造成信息记录错误，导致最终统计数据的错误。

2.2 设备管理

设备管理工作主要分为设备采购、租赁、日常台班工作记录、维护保养记录、闲置调配及处置报废等。设备采购工作根据采购金额不同可采取集中招标采购、线上询价采购、线下询价采购等采购方式。采购工作虽为设备管理工作中的重点，但非难点，因其整个采购工作流程都较为健全。完成采购后设备的进场验收，项目现场需多部门共同合作完成，确保进场设备的可靠达标，并留存相关验收资料为设备后期管理提供依据。

在设备的日常运行使用过程中，对设备的全方位监控非常重要，包括对设备的操作人员、管理人员、现行状态、运行时长、运行时相应耗材消耗量、维护情况等信息的获取和管理，这些不仅是保证设备正常运行避免影响工程建设的关键，也是保证对设备合理运行，确保运行效益，减少不必要的资源浪费的关键。目前设备运行管理中，操作人员及管理人员配置到位，运行时专人专职，设立有运行记录表，需工作人员自行记录，运行时长、设备运行状况、是否进行维护、维护部位及消耗物料情况等，这些信息的记录可能因工作人员的疏忽等人为因素造成记录不全、记录不准等错误，从而影响了统计信息的准确性，同时也会影响对现场设备实时监控和管理的执行力度。同样，设备的到期检验、闲置报备、处置报废等工作也会因信息的统计在日常的台账或记录表中，而不能及时的反馈到相关部门和人员，需要管理人员定期的排查。这些都加大了工作量，各级管理部门得到的设备信息也不能是实时准确的，也影响到了设备管理的质量和效率。

3 信息时代的设备物资管理方法

3.1 方法介绍

信息时代关键应用技术是互联网运用，网络办公，线上信息汇总与处理[3]，将这些技术运用到设备物资管

理工作中，那么将使各级管理单位的所有管理信息实时同步更新变成可能，并不受各级管理单位的约束，使信息在各级管理单位均能及时获取[4]，掌握最新设备物资信息，方便管理人员对各个项目部的各类设备物资进行统筹安排和管理。

此管理方法基于二维码运用技术[5]，所需设备为二维码扫描器，软件系统则是与二维码相连的设备物资信息统计系统。目前二维码技术运用已经很成熟，个人的智能手机便可实现二维码的扫描识别、网页登录和信息录入等工作，所以对此技术在管理现场的运用也并非难事。

3.2 管理方法具体执行

在设备物资管理中，对每批次每一类设备物资进行编码，设立专有二维码，二维码下与之关联的是信息系统。设备到场验收进场及物资验货入库时相关验收信息直接通过信息录入终端，例如个人手机，将各项信息录入系统，相关信息包括：设备物资名称、型号规格、进场或入库时间、设备生产商或供货商、货物总量、验收人员、入库人员。完成信息录入后通过系统生成二维码，将二维码打印粘贴于设备上或物资存放处，执行流程见图1。验收人员及入库人员的线上签字确认则可以通过个人在信息系统的账号登录后来完成，保证登录时间信息与设备物资验收和入库的时间信息相匹配即可，线下验收入库资料签字后于后期上传系统作为附件。

设备使用时，每班次开机前必须通过设备管理人员扫描相应设备的二维码，将本次设备运行相关状态、操作人员、是否计划维护、若维护需耗材的相关信息、计划此班次设备运行时长等信息录入系统后方可开机运行。同样，物资出库派发时需管理人员在出库时到物资存放处扫描二维码后登录系统，录入当天需出库的物资量、领取物资的单位，执行流程见图1。以系统时间为准，任何信息录入时间均为当时系统时间，设备物资管理人员必须在场扫描二维码后才能进行出库信息录入，以此为标准进行检查考核，从而可避免未按时录入，后

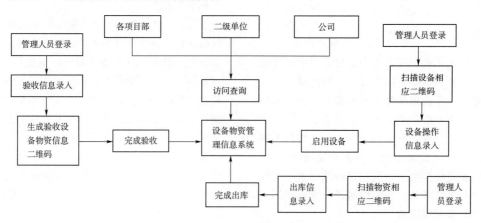

图1 二维码标记识别设备物资管理流程示意图

期录入等情况，保证了管理人员到场处理，起到监督作用。各项信息录入系统后，系统将自动汇总，设备的总运行工时、相应耗材的消耗情况、折旧情况，特种设备的定期检验情况，即将到期送检时会显示通知，物资的总量、消耗量、余量等信息均能在系统上显示，并随着使用情况而得到及时更新。这些信息是网上内部共享的，不仅各项目部能够看到，各级管理部门均能通过系统了解最新信息。

4　前景和展望

此管理方法硬件设备配备简单，操作系统也有很成熟的应用，整个方法的推行较为简单，没有技术难题。推广后，不仅方便了现场管理，减轻了现场工作人员的工作量，完善了工作流程，减少了办公纸张的消耗，同时也使设备物资管理与信息技术相结合，促进了管理工作的信息化、集中化、便捷化。这一方法的执行对设备

物资管理工作的实际作用效果也是显而易见的，可实现对所有设备物资信息的实时集中管理和全使用寿命周期的管理，对公司的资产统计、资源统筹及合理调配、有效盘活资产、充分利用资源有着很大的帮助，从而可降低采购成本及运营成本，提升经营利润。

参 考 文 献

[1] 谭沙临. 论施工企业的设备物资管理 [J]. 低碳世界，2014 (13)：209 - 210.

[2] 何建春，李彬. 建设工程管理活动中的物资管理系统 [J]. 云南水力发电，2016 (04)：11 - 14.

[3] 陈宏. 设备物资管理工作中如何能提升管理效率 [J]. 云南水力发电，2014 (02)：79 - 80.

[4] 尚乐轩. 设备物资管理数据仓库的数据采集策略 [J]. 软件导刊，2009 (12)：168 - 170.

[5] 李晓玮. 基于二维码的智能超市应用系统的设计与实现 [D]. 长春：吉林大学，2015.

浅谈工程项目建设轻型化项目管理

徐艺晔　陈　琳/中国水利水电第十四工程局有限公司

【摘　要】 拟通过对华南事业部在轻型化项目管理实践的总结，论述轻型化项目管理的优势、特性以及轻型化项目组建过程管理中的基本要求，以达到"机构轻、责任重、人数少、管理精"目标，不断提高项目管理水平。

【关键词】 工程项目　轻型化管理　管理模式

1　概述

华南事业部目前管理的海西天然气管网二期工程牛林尖山隧道施工项目、肇庆市中油天然气有限公司液化天然气（LNG）工厂项目办公楼和中水建阳江阳东农垦局鸡山风电场3个项目，分别涉及隧道、市政及新能源领域，专业跨度大、管理要求高。

为不断提升对项目的整体管控水平，华南事业部根据发展需要，结合项目特点，积极推进项目轻型化管理。轻型化管理的管理核心是将项目管理删繁就简，化重为轻，通过整合项目各参建方的资源，结合项目管理的实际情况，让项目管理变轻、变快、变精、变强，使管理更灵活、更高效，在实现成本控制的基础上，培养综合型管理人才，促进事业部管理水平的提高[1]。

2　轻型化项目管理理念

轻型化项目管理的精髓在于精简而高效，而要想在项目的整个实施过程中做到这一点，就要求我们在项目的筹备阶段通盘考虑，针对项目的特点和轻型化项目管理的目的，精心做好项目的前期策划。只有前期的准备工作充分，项目的后期运转才不至于手忙脚乱，才能让项目管理在策划的前提下，按照轻型化管理模式，发挥轻型化管理的优势和特性，提高项目管理整体水平。

在整个项目轻型化管理的前期策划过程中，一定要牢记轻型化管理的特性（这也是我们利用轻型化管理这样的模式来实施工程建设的目的），紧紧抓住轻型化管理对我们的要求，做到了这些前提，才有可能在轻型化管理中有的放矢。

2.1　轻型化管理的特性

2.1.1　降低成本，提高效益

轻型化管理的特性是打乱传统的管理模式，整合参建各方的技术、资源，充分利用社会上成熟的服务机构辅助项目生产，节约项目的临建、管理成本，缓解人力资源压力，从而达到提高效益的目的。

2.1.2　培养综合性管理人才

在传统的项目管理模式中，由于分工较细，各专业管理人才对职责外的专业没有太多的学习和实践机会，因此容易造成"隔行如隔山"的现象，不利于项目管理人员之间的相互理解与沟通。而轻型化管理模式由于机构精简，管理人员常常需要相互配合、协作甚至补位，这不仅大大提高了项目管理的效率，更有利于培养员工的凝聚力和个人综合能力。

2.1.3　机动灵活、抗风险能力强

轻型化项目管理机构简单，但是不仅有项目部的直接管理，同时也接受事业部相关职能部门的监管，因此在应对工期、资金等风险因素时，能够有效、快速地应对，抗风险能力强。同时轻型化的管理模式也能够提高项目竣工、收尾速度，有利于资源配置。

2.2　轻型化管理的基本要求

2.2.1　快速组建管理团队

轻型化项目往往工期较短，因此要求我们必须按照项目策划要求，快速组建项目组织机构，设立相关部门（也可根据项目情况综合组合相关部门和功能）[2]。完成管理团队的组建，下一步才能通过事业部各职能部门和轻型化项目管理小组的指导，以及项目团队的协作，完成项目在施工、质量、安全、经营、财务、物资设备等方面的管理工作。例如，阳东风电项目将财务、计划合

同和物资采购整合，将质量、安全、环保有效结合，既精简了机构，又保证了各专业工作的良好开展。

2.2.2 积极整合各方资源

积极整合各方资源，一是整合项目参建各方资源，使之主动参与项目管理，减少项目部人员的工作量，使项目部与参建队伍的沟通更顺畅、更高效。二是整合社会资源，例如，针对钢筋、混凝土等原材料生产以及混凝土试验等工作，项目部与项目本地有资质的试验单位和地材厂家合作，不仅缩短原材料的供应时间，而且也减少了项目成本投入，节约了资源。

2.2.3 做好技术、成本策划的同时，关注团队建设

项目前期要重点关注技术、成本策划。要做好详细调查摸底工作，从地材到相关物资、项目临时生产设施等均要充分结合项目特点，考虑交通、气候、人文等因素，规避成本、安全等风险因素[3]。结合项目实际情况，在开工前派出项目先期工作小组，全面进驻项目现场，做好项目前期调查摸底工作，为项目的全面实施做好准备。

要做好"关键问题"重点管理，动态调整管理人员的工作重点。如在项目开工前，项目部应加快临建布置和技术方案的编写、熟悉图纸和现场、理清项目管理重点和合同要点、编写分包招标文件及立项，在施工前期应重点推进项目施工，后期则应重点关注项目经营等。

轻型化模式要求管理人员既要主动发现问题，又能营造良好的工作氛围，团结员工、做好分工协作，并根据个人能力去分配工作和补位[4]。项目部经营、技术人员要密切配合，研究项目管理要点，启动项目盈亏分析，对于项目难点，要做到早分析、早优化、早协调。

3 对于轻型化管理模式的建议

3.1 职责管理方面

项目管理团队主动做好对外协调，为项目的顺利开展创造良好的外围环境。根据现场管理情况，及时进行补位管理，弥补短板。各职能部门要相互配合、密切合作，同时管理人员要加强学习，不断提升自身业务能力和综合管理能力，打造"一专多能"的综合性管理团队[5]。

针对实验、测量的行业特性，可委托当地有资质的公司完成试验工作，并要求各协作队伍配置测量人员和仪器，在作业量较大时，可聘请社会上有资质的测量公司协助。对重点监测项目，如配合比、科研项目、测量控制网等，请事业部指导和监控。

3.2 项目管理方面

处理好轻型化与标准化管理的关系。针对线性工程、风电项目管理可复制性的特性，借鉴成熟的管理标准和流程，用较少的管理资源开展管理工作，避免因管理人员较少带来的管理质量不足等问题，从而达到轻型化管理的目的。

3.3 资源整合方面

整合项目部内部各专业管理人员资源，使项目管理人员打破专业分工的界限，敢于对项目进行全面深入的参与和管理。

整合管理机构，利用多种交流方式，使项目部和事业部管理人员能够顺畅交流、相互配合，及时解决项目推进过程中遇到的各种问题。

整合各参建队伍和社会资源，使之有限度地参与项目管理。一方面可以减少项目部人员的工作量，使项目部与协作队之间的沟通更加顺畅；另一方面可以降低项目管理成本，减少资源浪费。

4 对管理模式的具体工作思路

在项目实际管理过程中，如何避免管理模式中容易出现的以包代管或相关管理要素缺失问题，让轻型化管理达到"轻而不浮"，在具体工作中应做好以下几点：

（1）根据项目部管理水平、业务能力现状，从项目班子人员入手，由上至下全面提高管理人员的业务水平。具体应做到：一是要加强对业务知识和管理知识的学习，不断提升自身的素质和能力；二是要加大对员工的思想教育工作，培养、协调好相关专业人才；三是要健全各项管理制度，靠制度管人。

（2）要加大对协作队伍的管理力度，将协作队伍纳入项目部管理范畴。具体应做到：一是要加强监督检查，及时发现和解决存在的问题；二是要主动解决协作队伍实际困难，推进施工生产；三是要站在合同的角度，换位思考、加强与协作队伍的沟通，建立良好的协作关系。

（3）要认真处理好项目相关方的利益关系，同时也要处理好与地方政府之间的关系，营造积极、和谐、团结的工程建设环境，保证施工生产的顺利进行。

5 结语

目前，华南事业部已成功管理过3个轻型化项目，在管理模式、制度、体系等方面积累了一定的管理经验，也取得了一些成绩。管理是企业永恒的主题，管理无止境，没有最好，只有更好。在今后的项目管理中，将对轻型化项目管理模式进一步优化，按照"机构轻、责任重、人数少、管理精"目标，不断完善和提高轻型化项目的管理效益和水平。

参 考 文 献

［1］ 刘立贵，张廉敏．石头寨风电场项目轻型化管理探索［J］．云南水力发电，2014，30．

［2］ 袁常升．建筑工程施工管理优化浅析［J］．河南建材，2012（1）．

［3］ 尤海燕．浅谈新时期我国建筑施工企业风险防范对策［J］．企业技术开发，2010．

［4］ 李伟，李序成．企业项目管理问题探讨［J］．西部资源，2015（3）．

［5］ 尹中先，林志斌．轻型化项目管理模式探索［J］．云南水力发电，2014，30．

浅谈施工企业的设备物资采购方式

欧阳强/中国水利水电第十四工程局有限公司

【摘　要】 随着我国市场经济体系建设的进一步完善，企业在设备物资采购方面呈现出多元化发展，但还存有采购方式随意性较大，不能够很好地发挥降低成本的作用，还增加了施工企业在设备物资采购方面的经济成本。因此，作为建筑施工企业，亟须转变思路、不断创新设备物资采购方式，以期达到降本增效的目的。

【关键词】 设备物资　节约成本　集中采购　招标管理

1　设备物资采购概述

如果说设备物资管理工作作为企业生产经营的重要环节，那么设备物资采购工作在设备物资管理环节中更占有举足轻重的地位，一个项目乃至一个企业最终是否能够盈利，有很大程度取决于设备物资采购工作的合理性。

1.1　设备物资采购方式

（1）公开招标。属于无限制性的竞争招标，招标人通过依照法律指定的媒介发布招标公告，在招标公告内发布招标货物的内容，所有不特定的且符合招标要求的潜在投标人都可以参与投标，并按照相关法律规定程序和招标文件规定的评标标准和方法确定中标人的一种公平的竞争交易方式。[1]这种方式被广泛采用，主要体现了"公平、公正、公开"的原则，且社会参与面积广，达到了市场自我竞争，降低采购成本、提高采购设备物资质量的目的。公开招标适用于超过一定采购金额，采购周期较长，不存在特异指定性、唯一性的设备物资。

（2）邀请招标。属于有限制性的竞争性招标，也称选择性招标。招标人不对社会公布招标内容，而是以投标邀请书的方式直接邀请特定的潜在投标人参加投标，并按照法律程序和招标文件规定的评标标准和方法选择中标人的竞争交易方式。[2]这种方式也是被广泛采用的，该方式与公开招标不同的主要体现在不面向所有投标人，而是邀请特定的潜在投标人参与投标，比较适用于地域性较强的物资招标。

（3）询价采购。是指对几个供货商（通常至少三家）的报价进行比较以确保价格具有竞争性的一种采购方式。这种方式主要采用于采购金额较小，未达到招标条件的设备物资，或需临时紧急采购的设备物资。[3]它适用于采购货源丰富、价格波动变化不大且技术标准规范的货物。但与招标采购相比，询价采购在规范性、组织的严密性上还存在不足，这为采购部门实施询价采购带来了一定的潜在风险，我们更需要在询价采购的各个环节上科学预测采购风险，制定合理的防范措施，以保证询价采购充分体现"公开、公平、公正"的原则，提高设备物资采购的经济效益。

（4）竞争性谈判。是指采购人或者采购代理机构直接邀请三家以上供应商就采购事宜进行谈判的方式。竞争性谈判采购方式的特点是可以缩短准备期，能使采购项目更快地发挥作用。减少工作量，省去了大量的开标、投标工作，有利于提高工作效率，减少采购成本，供求双方能够进行更为灵活的谈判，有利于对民族工业进行保护。[4]

1.2　设备物资采购成本节资率

设备物资采购成本节资率的计算方法，是根据编制采购计划时的设备物资"采购预计单价×预计采购数量＝预计采购总价"，然后"实际的采购单价×预计采购数量＝实际采购总价"，那么预计采购总价与实际采购总价之差比即为

（实际采购总价－预计采购总价）÷预计采购总价＝采购成本节资率（％）。

从这个公式的结果中，我们能够很直观地看到，采购成本节资率能够最大限度地反映当次采购过程中设备物资采购是否达到了控制成本的目的。

设备物资采购成本节资率的真实性如何保证？这就要求我们在编制采购计划的时候，一定要对所采购的设备物资的市场单价有一定的了解，编制市场单价时要有一定的准确性，且要考虑到采购周期的长短。某些设备

物资的市场单价具有季节潮汐的波动，会有一个S形的价格曲线，编制采购计划的单位在估算预计采购单价的时候最好是采用当年度该设备物资较高点的市场价格。在实际采购的时候，且条件允许的情况下选择该设备物资价格较低点的时期进行采购，这样的话有可能实现较可观的成本节约。

施工企业的设备物资采购方式一般都是根据设备物资采购金额大小及采购周期来决定采购方式，采用的方式不同也将会一定程度的影响设备物资采购成本的节资率。事实上很多的项目部在报送设备物资采购计划的时候做不到计划超前性，影响了施工企业设备物资采购管理部门在审批采购计划时作出的批复，极大地影响了采购的及时性、增加了采购成本，同时还可能会对整个施工项目工期进度带来一定的滞后。这也是我们在今后的设备物资管理工作中需要改进的地方，对设备物资采购计划编制人员进行相应培训，提高管理人员素质，进一步改善设备物资采购工作中存在的不足。

2 设备物资招标

2.1 设备物资进行招标采购的有利因素

设备物资招标采购是在市场经济条件下，需方根据设备物资的需求计划，按照招投标法的招标程序进行市场采购的经济行为。工程设备物资费用是组成工程造价的核心部分，推行设备物资招标采购是建筑市场经济发展的必然趋势，是控制工程承包和提高企业效率的有效措施，是实现企业效益的最大化重要途径。所以，要大力推行设备物资采购招标工作力度，不断完善招标管理办法和操作程序，使设备物资招标采购各项工作制度化、程序化、规范化、标准化，提升施工企业的采购管理水平，为施工企业在市场竞争中赢得更大的生存空间。[5]

自2014年起，中国电力建设集团有限公司（以下简称"公司"）开始推行设备物资集中招标采购工作，集中招标采购方式不仅减少了多次上报采购计划、多次进行询比价、多次进行合同签订等重复、繁琐的工作流程，节省了采购时间，提高了工作效率，降低了采购成本，并按照公司"同等产品比质量，同等质量比价格，同等价格比服务"的采购原则，科学地确定供货单位，有效地降低采购成本，从而提高了华南事业部的整体经济效益。[6]

2.2 设备物资招标采购工作开展情况

目前，在公司的现阶段设备物资采购工作中，线上招标采购方式已经成为了主流趋势，主要在中国电建集中采购电子商务平台上进行，华南事业部线上招标采购方式为公开招标和询价招标，公开招标的流程

为二级单位（请购单位）创建请购，并将所需的请购表和请购依据，签字盖章后扫描上传至平台相应窗口，提交至请购单位部门主管审核后，公司采购主管进行立项，请购单位将已通过评审的招标文件、评标办法上传至平台相应窗口后，经公司采购主管审核，由公司采购主管发布招标公告，请购单位将推荐的2位评委名单录入系统，剩余评委将由公司采购主管在集采平台专家名录中抽取。开标后的清标、评标、定标工作按程序流程进行，合同谈判签订完成后，将合同复印件扫描由请购单位上传至平台，公开招标的所有资料将闭合完整。询价采购的流程为通知潜在供应商在平台上进行注册，注册完成后，由请购单位创建请购，并将所需的请购表和请购依据，签字盖章后扫描上传至平台相应窗口，提交至请购单位部门主管审核后，公司采购主管进行立项，请购单位将编制好的询价函上传相应窗口，提交至公司采购主管审核，审核通过后由公司采购主管发出询价函，发出询价后，通知供应商在规定的时间内进行报价，报价时间截止，导出比价表，将由询价小组成员进行定标，定标完成后将签字盖章的比价表、定标审核意见表上传至平台相应窗口，由公司采购主管审核后，发出中标通知书，合同谈判签订完成后，将合同复印件扫描由请购单位上传至平台，询价招标的所有资料将闭合完整。

2014年公司华南事业部在中国电建集采平台招标项目为3项，采购预算总金额为1.110亿元，实际签订合同总金额为1.096亿元，2014年线上招标采购节资率为1.26%。2015年招标采购项目为13项，采购预算总金额为9005万元，实际签订合同总金额为6472万元，2015年线上招标采购节资率为28.25%。2016年线上招标采购项目为40项，采购预算总金额为4.352亿元，实际签订合同总金额为3.857亿元，2016年线上招标采购节资率为11.37%。我们不难从这些数据上发现，招标的项目数量逐年上升，且呈井喷式发展，2016年较2015年相比，采购预算总金额更是几倍的增长，这也从一方面体现出了设备物资采购工作的稳步前进，华南事业部正在高速发展期。

3 设备物资采购工作展望

在未来的设备物资采购工作中，将要更好地利用集中招标采购的优势，发挥集中招标的作用，推进设备物资采购工作的进步，从而达到资源优化、降本增效，实现规范化、集约化、和利益最大化。

参 考 文 献

[1] Christopher J. Dering. 从国际实践的角度看《中华人民共和国招投标法》[J]. 中国建设信息，1999，(27)：61-66.

［2］ 徐军．询价采购的风险及防范［J］.中国政府采购，2007，
　　　（03）：51－53.

［3］ 袁艳．竞争性谈判在国有企业中的有效应用［J］.中国招
　　　标，2012，（13）：15－18.

［4］ 魏斌．施工企业如何做好设备设备物资招标采购工作［J］.
　　　商业经济，2008，（06）：85－86.

［5］ 王硕．设备物资集中招标采购工作稳中求进［J］.云南水力
　　　发电，2016，（04）：34，59.

征 稿 启 事

各网员单位、联络员:

广大热心作者、读者:

《水利水电施工》是全国水利水电施工技术信息网的网刊,是全国水利水电施工行业内刊载水利水电工程施工前沿技术、创新科技成果、科技情报资讯和工程建设管理经验的综合性技术刊物。本刊宗旨是:总结水利水电工程前沿施工技术,推广应用创新科技成果,促进科技情报交流,推动中国水电施工技术和品牌走向世界。《水利水电施工》编辑部于 2008 年 1 月从宜昌迁入北京后,由全国水利水电施工技术信息网和中国电力建设集团有限公司联合主办,并在北京以双月刊出版、发行。截至 2016 年年底,已累计发行 54 期(其中正刊 36 期,增刊和专辑 18 期)。

自 2009 年以来,本刊发行数量已增至 2000 册,发行和交流范围现已扩大到 120 个单位,深受行业内广大工程技术人员特别是青年工程技术人员的欢迎和有关部门的认可。为进一步增强刊物的学术性、可读性、价值性,自 2017 年起,对刊物进行了版式调整,由杂志型调整为丛书型。调整后的刊物继承和保留了原刊物国际流行大 16 开本,每辑刊载精美彩页 6~12 页,内文黑白印刷的原貌。本刊真诚欢迎广大读者、作者踊跃投稿;真诚欢迎企业管理人员、行业内知名专家和高级工程技术人员撰写文章,深度解析企业经营与项目管理方略、介绍水利水电前沿施工技术和创新科技成果,同时也热烈欢迎各网员单位、联络员积极为本刊组织和选送优质稿件。

投稿要求和注意事项如下:

(1) 文章标题力求简洁、题意确切、言简意赅,字数不超过 20 字。标题下列作者姓名与所在单位名称。

(2) 文章篇幅一般以 3000~5000 字为宜(特殊情况除外)。论文需论点明确,逻辑严密,文字精练,数据准确;论文内容不得涉及国家秘密或泄露企业商业秘密,文责自负。

(3) 文章应附 150 字以内的摘要,3~5 个关键词。

(4) 正文采用西式体例,即例"1""1.1""1.1.1",并一律左顶格。如文章层次较多,在"1.1.1"下,条目内容可依次用"(1)""①"连续编号。

(5) 正文采用宋体、五号字、Word 文档录入,1.5 倍行距,单栏排版。

(6) 文章须采用法定计量单位,并符合国家标准《量和单位》的相关规定。

(7) 图、表设置应简明、清晰,每篇文章以不超过 5 幅插图为宜。插图用 CAD 绘制时,要求线条、文字清楚,图中单位、数字标注规范。

(8) 来稿请注明作者姓名、职称、职务、工作单位、邮政编码、联系电话、电子邮箱等信息。

(9) 本刊发表的文章均被录入《中国知识资源总库》和《中文科技期刊数据库》。文章一经采用严禁他投或重复投稿。为此,《水利水电施工》编委会办公室慎重敬告作者:为强化对学术不端行为的抑制,中国学术期刊(光盘版)电子杂志社设立了"学术不端文献检测中心"。该中心将采用"学术不端文献检测系统"(简称 AMLC)对本刊发表的科技论文和有关文献资料进行全文比对检测。凡未能通过该系统检测的文章,录入《中国知识资源总库》的资格将被自动取消;作者除文责自负、承担与之相关联的民事责任外,还应在本刊载文向社会公众致歉。

(10) 发表在企业内部刊物上的优秀文章,欢迎推荐本刊选用。

(11) 来稿一经录用,即按 2008 年国家制定的标准支付稿酬(稿酬只发放到各单位,原则上不直接面对作者,非网员单位作者不支付稿酬)。

来稿请按以下地址和方式联系。

联系地址:北京市海淀区车公庄西路 22 号 A 座
投稿单位:《水利水电施工》编委会办公室
邮编:100048
编委会办公室:杜永昌
联系电话:010 - 58368849
E - mail:kanwu201506@powerchina.cn

全国水利水电施工技术信息网秘书处
《水利水电施工》编委会办公室
2017 年 1 月 30 日

SHUILI SHUIDIAN SHIGONG

水利水电施工

2017 年第 2 辑

全国水利水电施工技术信息网

中国水力发电工程学会施工专业委员会　主编

中国电力建设集团有限公司

中国水利水电出版社
www.waterpub.com.cn
·北京·

图书在版编目（ＣＩＰ）数据

水利水电施工. 2017年. 第2辑 / 全国水利水电施工
技术信息网，中国水力发电工程学会施工专业委员会，中
国电力建设集团有限公司主编. -- 北京 ：中国水利水电
出版社，2017.8
　　ISBN 978-7-5170-5948-6

　　Ⅰ．①水… Ⅱ．①全… ②中… ③中… Ⅲ．①水利水
电工程－工程施工－文集 Ⅳ．①TV5-53

中国版本图书馆CIP数据核字(2017)第254215号

书　　名	**水利水电施工　2017 年第 2 辑** SHUILI SHUIDIAN SHIGONG　2017 NIAN DI 2 JI
作　　者	全国水利水电施工技术信息网 中国水力发电工程学会施工专业委员会　主编 中国电力建设集团有限公司
出版发行	中国水利水电出版社 （北京市海淀区玉渊潭南路 1 号 D 座　100038） 网址：www. waterpub. com. cn E - mail：sales@ waterpub. com. cn 电话：(010) 68367658（营销中心）
经　　售	北京科水图书销售中心（零售） 电话：(010) 88383994、63202643、68545874 全国各地新华书店和相关出版物销售网点
排　　版	中国水利水电出版社微机排版中心
印　　刷	北京市密东印刷有限公司
规　　格	210mm×285mm　16 开本　9 印张　341 千字　4 插页
版　　次	2017 年 8 月第 1 版　2017 年 8 月第 1 次印刷
印　　数	0001—2500 册
定　　价	**36.00 元**